YINSHANBEILU NONGMU JIAOCUOQU ZHUZAI ZUOWU
SHISHUI ZHONGZHI YANJIU

阴山北麓农牧交错区主栽作物适水种植研究

任永峰 等 主编

中国农业科学技术出版社

图书在版编目（CIP）数据

阴山北麓农牧交错区主栽作物适水种植研究／任永峰等主编．--北京：中国农业科学技术出版社，2024.8. -- ISBN 978-7-5116-6974-2

Ⅰ．S274

中国国家版本馆 CIP 数据核字第 20245RM466 号

责任编辑	周丽丽
责任校对	李向荣
责任印制	姜义伟　王思文

出 版 者	中国农业科学技术出版社
	北京市中关村南大街 12 号　　邮编：100081
电　　话	（010）82106638（编辑室）　　（010）82106624（发行部）
	（010）82109709（读者服务部）
网　　址	https://castp.caas.cn
经 销 者	各地新华书店
印 刷 者	北京捷迅佳彩印刷有限公司
开　　本	170 mm×240 mm　1/16
印　　张	8.5
字　　数	150 千字
版　　次	2024 年 8 月第 1 版　2024 年 8 月第 1 次印刷
定　　价	68.00 元

◆◆◆ 版权所有·翻印必究 ◆◆◆

《阴山北麓农牧交错区主栽作物适水种植研究》编委会

主　　编：任永峰　路战远　潘志华　武荣盛　赵沛义

参编人员：王　靖　马日亮　融晓萍　李云鹏　韩云飞
　　　　　刘小月　张　鹏　邱云飞　李保成　刘嘉伟
　　　　　赵小庆　高　宇　胡　琦　程玉臣　张向前
　　　　　陈立宇　王建国　杜二小　高宏艳　杜　静
　　　　　刘小雨　王海霞　马　晔　张　君　景宇鹏

内容提要

本书基于多年试验示范研究结果，得出以下结论。

第一，从基础理论上，采用时间序列分析和GIS空间分析等方法，对近40年地面气象观测资料和农业气象观测数据进行深入分析，探究了：①主要作物生长季和关键发育期内降水量等气候要素的时间变化规律和空间分布特征；②主要作物需水量的空间分布特征和年代际变化特征；③水资源要素的空间分布特征。明确了阴山北麓农业水资源时空变化特征、水资源赋存的演变规律和水资源承载力。

第二，从创研、熟化关键技术上看，筛选出适宜阴山北麓区域抗旱马铃薯2个、燕麦品种1个，提出阴山北麓水资源平衡利用技术5项，实现水分利用效率提升10.9%，发现最佳种植模式为马铃薯与毛叶苕子轮作，可提高土壤大团聚体含量3.7%~29.4%，优化土壤结构；减少水分消耗18.5~61.1 mm；提高经济效益29~33%。

第三，集成阴山北麓农牧交错区马铃薯限量补灌抗旱丰产高质栽培、农牧交错区燕麦保护性耕作抗旱丰产栽培、农牧交错区抗旱减灾与生态种植技术模式3套，实现节水16.7%~25.0%，马铃薯节本增效301.7元/亩，燕麦节本增效121.6元/亩，轮作节本增效118.9元/亩。

目　录

第一章　阴山北麓农业气候资源时空变化特征 …………………………（1）
　　第一节　降水量的时空分布特征 …………………………………（2）
　　　　一、降水量的时间分布特征 ………………………………（2）
　　　　二、降水量的空间分布特征 ………………………………（4）
　　第二节　地下水位的时空分布特征 ………………………………（5）
　　　　一、地下水位的时间变化特征 ……………………………（5）
　　　　二、地下水位的空间变化特征 ……………………………（7）
　　第三节　土壤水分体积变化特征 …………………………………（7）
　　　　一、土壤水分体积时间变化特征 …………………………（7）
　　　　二、土壤水分体积空间变化特征 …………………………（8）
　　第四节　地表径流变化特征 ………………………………………（8）
　　　　一、地表径流时间变化特征 ………………………………（8）
　　　　二、地表径流空间变化特征 ………………………………（9）
　　第五节　陆地水储量的变化特征 …………………………………（9）
第二章　阴山北麓水资源赋存演变机制 ……………………………（12）
　　第一节　研究内容 …………………………………………………（12）
　　　　一、分区地表水资源量计算方法 …………………………（12）
　　　　二、平原区地下水资源计算 ………………………………（12）
　　　　三、水资源小网格推算模型 ………………………………（14）
　　第二节　研究结果 …………………………………………………（15）
　　　　一、阴山北麓各旗县水资源空间特征 ……………………（15）
　　　　二、阴山北麓水资源区域分布 ……………………………（15）
　　　　三、阴山北麓各旗县水资源变化量 ………………………（15）
　　第三节　小结 ………………………………………………………（17）
第三章　阴山北麓水资源承载力及水资源供给与利用机制 ………（19）
　　第一节　研究内容 …………………………………………………（19）

第二节　研究结果 …………………………………………… (19)
　　一、阴山北麓地区降水阈值与旗县分布 ……………………… (19)
　　二、优势作物耗水特征和降水时空变化 ……………………… (19)
　　三、小结 ………………………………………………………… (53)
第四章　阴山北麓适水性作物筛选与作物优化布局研究 ………… (56)
　第一节　研究内容 …………………………………………… (56)
　第二节　研究结果 …………………………………………… (56)
　　一、阴山北麓主要粮食作物需水量和耗水量 ………………… (56)
　　二、阴山北麓主要粮食作物生长季水热条件年际变化规律 … (56)
　　三、阴山北麓主要粮食作物生育期需水、耗水特征 ………… (58)
　　四、阴山北麓主要粮食作物不同年型耗水特征 ……………… (60)
　　五、阴山北麓主要粮食作物耗水与气温、降水的关系 ……… (63)
　　六、阴山北麓主要粮食作物抗旱品种筛选及布局优化 ……… (66)
　第三节　小结 ………………………………………………… (82)
第五章　阴山北麓抗旱节水栽培与保水耕作技术 ………………… (84)
　第一节　马铃薯关键生育时期适水栽培与限量滴灌技术 …… (84)
　　一、研究内容 …………………………………………………… (84)
　　二、研究结果 …………………………………………………… (85)
　　三、小结 ………………………………………………………… (90)
　第二节　燕麦有机培肥高质栽培技术 ……………………… (91)
　　一、研究内容 …………………………………………………… (91)
　　二、研究结果 …………………………………………………… (91)
　　三、小结 ………………………………………………………… (96)
　第三节　马铃薯和绿肥间作带宽合理配置技术 …………… (97)
　　一、研究内容 …………………………………………………… (97)
　　二、研究结果 …………………………………………………… (97)
　　三、小结 ………………………………………………………… (102)
　第四节　粮草轮作物种优化配置技术 ……………………… (102)
　　一、研究内容 …………………………………………………… (102)
　　二、研究结果 …………………………………………………… (103)
　　三、小结 ………………………………………………………… (115)
　第五节　马铃薯水资源平衡利用及缓释肥料施用技术 …… (115)
　　一、研究方法 …………………………………………………… (115)

二、研究结果 …………………………………………………… (116)
　　三、小结 ………………………………………………………… (121)
第六章　种植模式集成及示范 ………………………………………… (122)
　第一节　阴山北麓农牧交错区马铃薯限量补灌抗旱丰产高质栽培
　　　　　技术模式 ……………………………………………………… (122)
　　一、呼和浩特市示范区示范效果 ……………………………… (122)
　　二、乌兰察布市示范区示范效果 ……………………………… (123)
　第二节　阴山北麓农牧交错区燕麦保护性耕作抗旱丰产栽培技术
　　　　　模式 …………………………………………………………… (123)
　　一、呼和浩特市示范区示范效果 ……………………………… (124)
　　二、乌兰察布市示范区示范效果 ……………………………… (124)
　第三节　阴山北麓农牧交错区抗旱减灾与生态种植模式 ………… (124)
　　一、马铃薯垄膜集雨抗旱减灾技术模式 ……………………… (125)
　　二、马铃薯与绿肥作物合理轮作生态种植技术模式 ………… (125)

第一章　阴山北麓农业气候资源时空变化特征

近年来，阴山北麓地区年均降水量、春季、秋季、冬季呈增加趋势，变化倾向率最大的为年均降水量，夏季降水量以每 10 年 -2.21 mm 的速率呈下降趋势。年平均降水量空间分布呈东多西少、南多北少的态势，与中国整体的降水分布格局一致，降水量值介于 200~360 mm。在全球变暖的背景下，降水量的增加有利于增加区域水资源的赋存量、生态环境的恢复和农业灌溉，从而进一步提升水资源的承载能力。

从地下水位的时间变化趋势来看，阴山北麓地下水深度在年际变化上呈"U"形分布。年内变化呈前半年变动幅度大，后半年变化相对稳定。阴山北麓平均地下水深度呈"东多西少"的分布模式，地下水深度年际变化率呈"西增东减"的分布模式。地下水深度最大的区域也是地下水深度的年际变化率减少最大区域。

土壤水分体积呈显著的下降趋势，阴山北麓土壤水分体积呈北低南高、东高西低的空间分布格局，变化范围为 0.45~0.75 m^3。阴山北麓南部区域的土壤水分体积减小幅度大于北部地区，南部区域的土壤水分呈明显的"干化"趋势。

阴山北麓地表径流呈显著的下降趋势，年均地表径流呈北低南高，西低东高的分布模式。阴山北麓陆地水储量呈减少趋势，南部区域的减小幅度大于北部，以察哈尔右翼后旗为界，西部区域的减小幅度大于东部。

综上所述，阴山北麓地区逐年增加的年均降水量与地下水含量、地表径流与地势、地貌有关，且呈东多西少、西低东高。土壤水分体积呈北低南高、东高西低的空间分布格局，陆地水储量整体下降。

第一节 降水量的时空分布特征

一、降水量的时间分布特征

研究区多年平均降水量呈增加趋势（图1-1a），气候倾向率为每10年3.31 mm，2003年为年均降水量最大年，1966年为年均降水量最小年。春季降水量呈增加趋势（图1-1b），气候倾向率为每10年1.83 mm，2003年为春季降水量最大年，1994年为春季降水量最小年。夏季降水量呈下降趋势（图1-1c），气候倾向率为每10年-2.21 mm，近20年夏季降水量下降的趋势比较明显，1976年为夏季降水量最大年，2010年为夏季降水量最小年。秋季降水量呈增加趋势（图1-1d），气候倾向率为每10年3.28 mm，1963年是秋季降水量最小年，2010年是秋季降水量最大年，近20年来秋季降水量增加趋势较为明显。冬季降水量呈增加趋势（图1-1e），变化倾向率为每10年0.41 mm，1965年是冬季降水量最小年，2019年是冬季降水量最大年。综上所述，阴山北麓地区年均降水量、春季、秋季、冬季呈增加趋势，变化倾向率最大的为年均降水量，夏季降水量以每10年-2.21 mm的速率呈下降趋势。

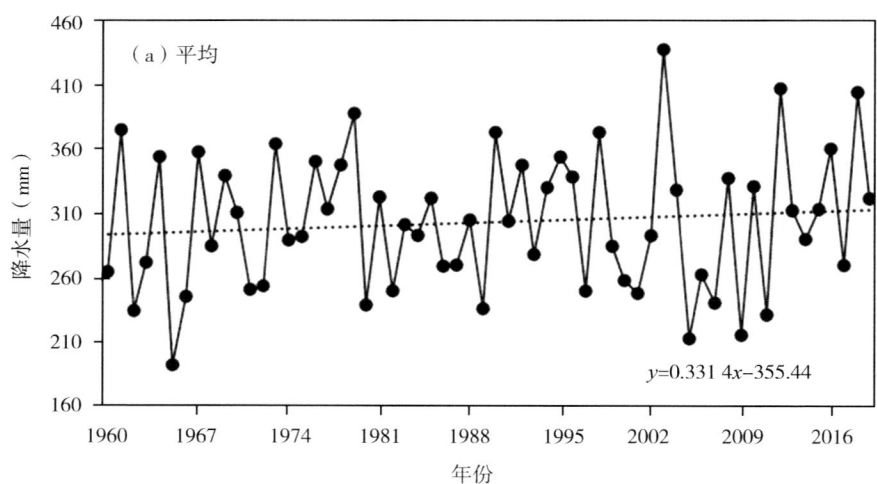

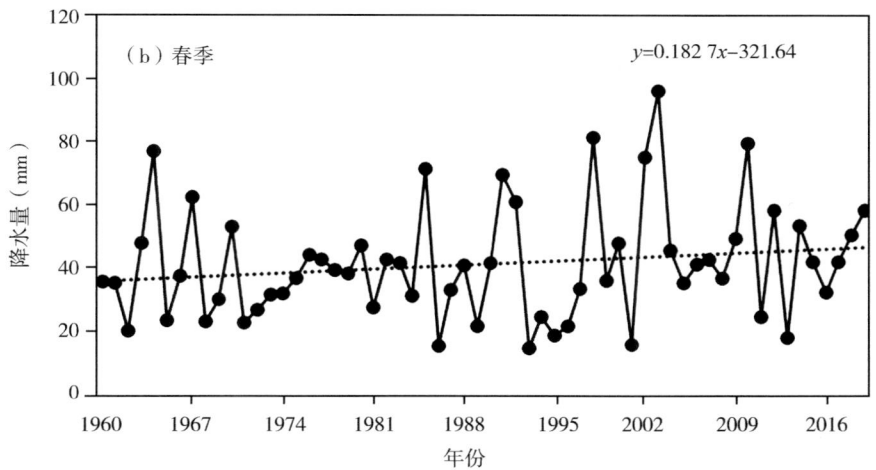

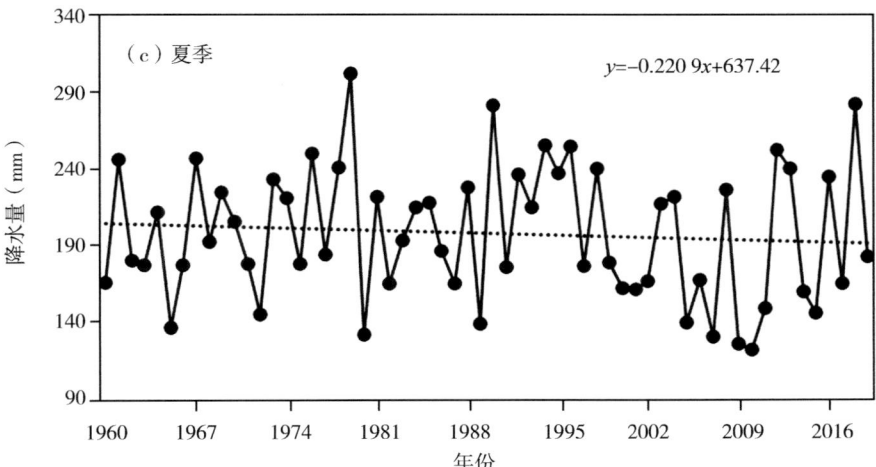

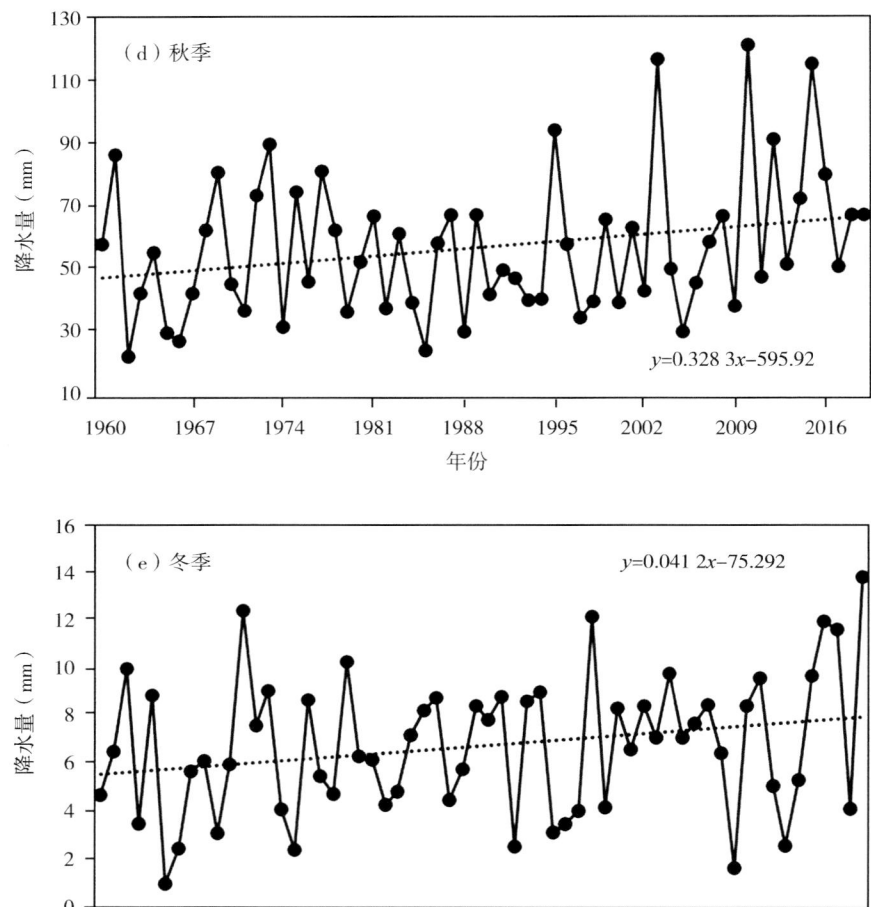

图 1-1　四季降水量年际变化特征

二、降水量的空间分布特征

春季平均降水量呈东多西少，南多北少的分布格局，高值区主要分布在多伦县和太仆寺旗，低值区主要分布在四子王旗的西北部、达尔罕茂明安联合旗西北部、固阳县北部。春季降水量的空间变化趋势主要表现为中间增加多而四周增加少的趋势，具体表现为四子王旗南部、武川县东北部、察哈尔右翼中旗西部区域春季降水量增加多，而多伦县和太仆寺旗大部、四子王旗西北部、达尔罕茂明安联合旗西部、固阳县西南部的春季降水量增加少。夏季平均降水量大致以察哈尔右翼后旗为分界线，呈"东多西少"的空间分布格局；夏季降水量在空间分布上整体呈减少的趋势，气候倾向率的变化区间为-0.37~-0.07，夏季降水量减少最为显著的区域主要分布在商都县东南部、化德县、太仆寺旗和多伦县西部，西部地区的降水量虽呈减少趋势，但变化相对来说较为稳定。秋季多年平均降水量空间分布呈南多北少的格局，秋季降水量多的两大旗县分别为四子王旗和达尔罕茂明安联合旗，其余旗县的秋季降水量在50~70 mm变化。秋季降水量气候倾向率低值区主要分布在四子王旗北部，高值区主要分布在太仆寺旗和多伦县，秋季降水量的变化趋势与降水量的多年平均值空间分布基本一致。

阴山北麓区多年平均降水量空间分布呈东多西少、南多北少的态势，与中国整体的降水分布格局一致，降水量值介于200~360 mm，属于温带半干旱气候区。降水量整体上呈增加趋势，降水量变化趋势介于每10年1.5~4.5 mm，其中，西南部区域的降水量增加趋势较为明显，相较而言，中东部区域降水量的增加趋势不是很明显。在全球变暖的背景下，降水量的增加有利于增加区域水资源的赋存量，有利于生态环境的恢复，同时也有利于农业灌溉，从而进一步提升水资源的承载能力。冬季多年平均降水量高值区集中分布在研究区南部的武川县和固阳县，低值区主要分布在四子王旗的北部、达尔罕茂明安联合旗的北部。冬季降水量变化趋势呈现明显的"西快中慢"的分布格局，具体表现为西部的固阳县、武川县、达尔罕茂明安联合旗的冬季降水量变化速率较快，中部的察哈尔右翼中旗，察哈尔右翼后旗，商都县、化德县冬季降水量的气候倾向率较小，东部的太仆寺旗和多伦县的冬季降水量气候倾向率增加量在每10年0.025~0.041 mm。

第二节　地下水位的时空分布特征

一、地下水位的时间变化特征

从地下水位的时间变化趋势来看（图1-2a），阴山北麓地下水位经历了"U"形曲线。2011年是该地区平均地下水深度最小的年份，经历了小幅波动；从2014年开始，地下水深度呈逐年增加的趋势，可能与该地区超采利用地下水有关。从各个月份的地下水深度来看（图1-2b），3月的地下水深度最大，4月的地下水深度最小。整体来看，前半年的地下水深度起伏较大，6月以后的地下水深度维持在一个相对稳定的水平上。综上所述，阴山北麓地下水深度在年际变化上呈"U"形分布，年内变化前半年变动幅度大后半年变化相对稳定。

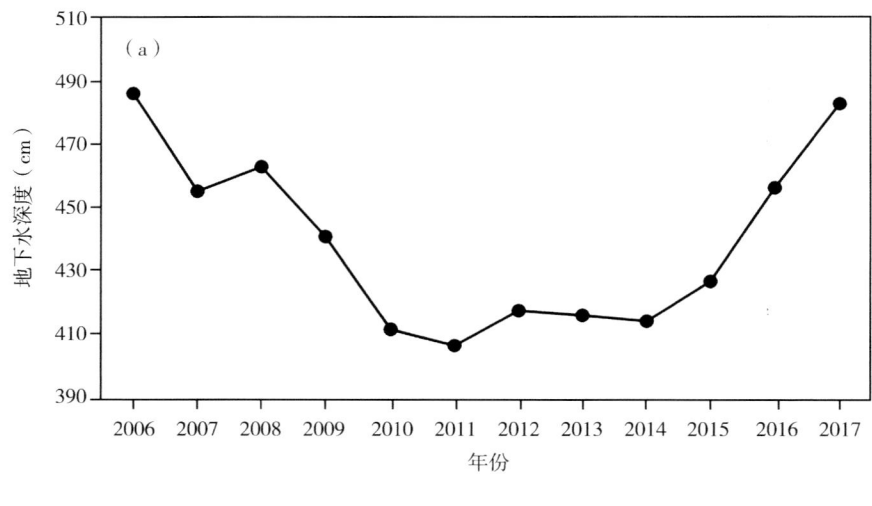

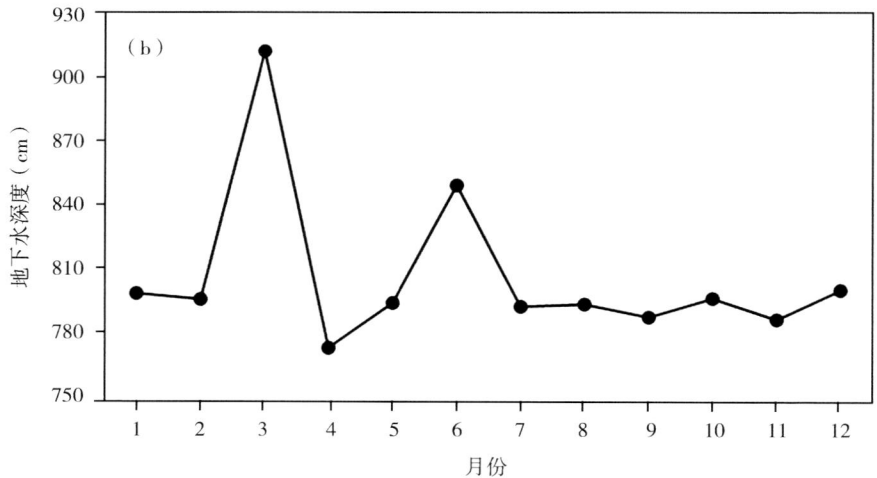

图1-2　地下水位时间变化特征

二、地下水位的空间变化特征

阴山北麓地区的平均地下水深度呈"东多西少"的空间分布模式，地下水深度的变化范围在 470~1 200 cm，地下水深度最大的地区分布在化德县、太仆寺旗西部、达尔罕茂明安联合旗东南部、固阳县中部；地下水深度较小的区域主要分布在达尔罕茂明安联合旗西北部、商都县西北部、多伦县中部、四子王旗东南部。地下水深度的年际变化率呈"西增东减"的分布模式，地下水深度增加的区域主要分布在达尔罕茂明安联合旗西南部、固阳县大部、武川县大部、察哈尔右翼后旗、多伦县东部；地下水深度减小的区域主要分布在察哈尔右翼中旗、太仆寺旗、多伦县西部区域。地下水深度最大区域（太仆寺旗、多伦县西部），也是年际变化率最大区域。综上所述，阴山北麓平均地下水深度呈"东多西少"的分布模式，地下水深度年际变化率呈"西增东减"的分布模式，地下水深度最大的区域同时也是地下水深度的年际变化率减少最大的区域。

第三节　土壤水分体积变化特征

土壤水分体积数据和地表径流数据均来自 EAR5-land 再分析数据，该数据提供了全球范围的温度、水分、蒸散径流等数据，时间分辨率分为每日和每月，时间范围为 1981 年至今，空间分辨率为 0.1°。通过对全球范围 1981—2019 年土壤水分体积数据和地表径流月数据进行裁剪和波段合成，得到阴山北麓数据便于后续分析。土壤水分体积分为 4 层，第一层为 0~7 cm，第二层为 7~28 cm，第三层为 28~100 cm，第四层为 100~289 cm，单位为 m^3/m^3，将四层的土壤水分体积相加得到土壤水分总体积。地表径流原始数据单位为 m，为了便于分析，换算为 mm。

一、土壤水分体积时间变化特征

统计发现，土壤水分体积呈显著的下降趋势，变化趋势率为 $-0.003\ 2\ m^3$/年，土壤水分体积在 1997 年达到最高值。1981—2011 年土壤水分体积变化幅度较大，2012 年之后土壤水分体积处于低值期后，变化较为平稳（图 1-3）。

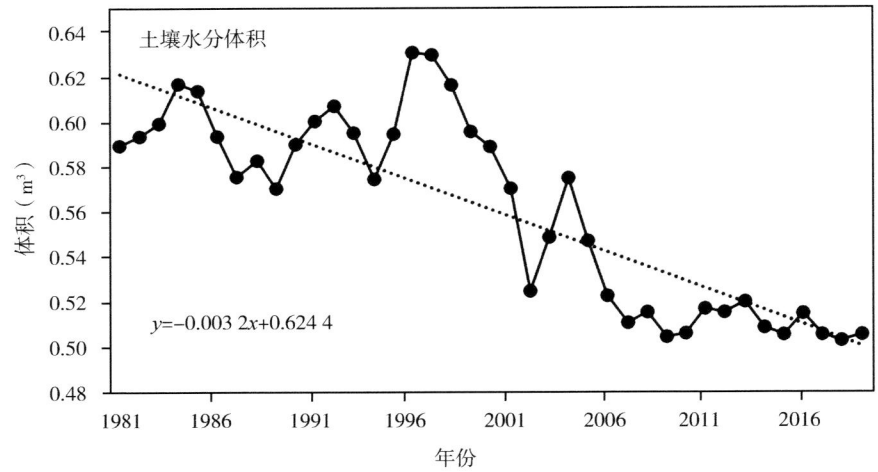

图 1-3　土壤水分体积变化特征

二、土壤水分体积空间变化特征

阴山北麓土壤水分体积呈北低南高、东高西低的空间分布格局，变化范围为 0.45~0.75 m³，土壤水分体积最高的区域主要分布在固阳县、武川县、太仆寺旗和多伦县。土壤水分体积变化趋势的范围在 -0.006~0.000 5 m³，阴山北麓南部区域的土壤水分体积减小幅度大于北部地区，南部区域的土壤水分呈明显的"干化"趋势。

第四节　地表径流变化特征

一、地表径流时间变化特征

从图 1-4 中可以看出，阴山北麓地表径流呈显著下降趋势，变化倾向率为 -0.005 8 mm/年；地表径流随时间变化波动较大，从 0.1~0.6 mm 不等，较高的年份分别为 1985 年、1991 年和 2005 年。

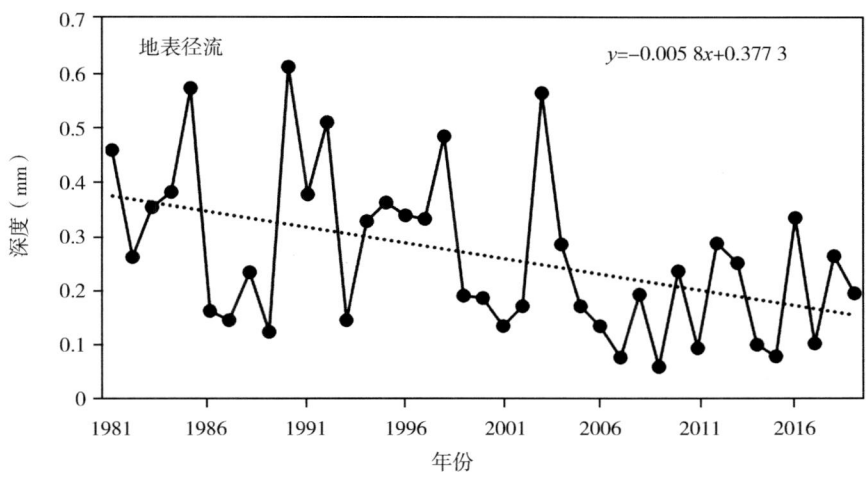

图1-4 地表径流深度变化

二、地表径流空间变化特征

阴山北麓年均地表径流呈北低南高，西低东高的分布模式。四子王旗、达尔罕茂明安联合旗及四子王旗北部的地表径流值在 0.15 mm 左右，而固阳县、武川县及多伦县的地表径流在 0.7 mm 左右。区域大部的地表径流变化呈下降趋势，南部区域下降幅度大于北部区域，其中下降趋势最明显的区域分布在固阳县、武川县南部及多伦县东部。

第五节　陆地水储量的变化特征

GRACE（Gravity Recovery and Climate Experiment）卫星于 2002 年由美国航空航天局（NASA）和德国航天中心（DLR）联合发射，用于测量地球重力场的变化。GRACE 卫星的时间分辨率为每月一次，空间分辨率为 400 km，重力场模型的精度可以达到 1 cm。GRACE 时变重力场能够监测空间中长尺度的时变信息，对大尺度的质量变化信号具有较高的敏感性等特点，可探测陆地水和地下水资源变化，为定量研究陆地水的储量变化提供了前所未有的机遇，GRACE 卫星通过测量地球重力场的变化，彻底改变了监测地球储水量变化的方法。本文选用得克萨斯大学空间研究中心（CSR）发布的 GRACELEVEL-2RL06 月重力场模型，最高阶数为 60，时间跨度为 2006—2015 年（共 104 个月，部分数据缺失，其中数据缺失有 3 个月，我们对其进行 3 次样条插值后补齐）。它描述的是陆地水储量在月时间尺度上的变化量。这里的陆地水储量变化表示的是总体的陆地水储量变化，包含地表水和地下水。

阴山北麓陆地水储量呈减少趋势，南部区域的减小幅度大于北部，大致以察哈尔右翼后旗为界，西部区域的减小幅度大于东部。阴山北麓陆地水储量的变化趋势经过 $P<0.01$ 的显著性检验，以察哈尔右翼后旗为界，西部区域的显著性 P 值大于东部地区。阴山北麓陆地水储量的年际距平值（单位为 mm），从空间变化图中可以看出，年际距平值皆是负值，表明阴山北麓陆地水储量呈下降趋势。其中，距平值最小的区域主要分布在多伦县和武川县，北部区域的距平值小于南部，同样说明南部区域的陆地水储量下降比北部多。

截至 2020 年 8 月，南水北调中线工程累积调水 318 亿 m^3，绝大部分水量被用于城市供水以取代当地地下水开采；少部分被用于生态补水、水库储备及含水层人工回补等。南水北调工程的应用使多个城市相继被观测到地下水位的稳步回升。监测和模拟淡水储量的变化规律，对于了解陆地生态系统水循环，制定可持续的用水政策具有重要意义。2003—2016 年黄河流域水储量每年约下降 5.1 mm，其中植被变化对水储量下降的贡献率每年可达 1.52 mm（约占 29%）。自然界的水资源可用于农业生产中的农、林、牧、副、渔各业及农村生活的部分，主要包括降水的有效利用量及通过水利工程设施而得以为农业所利用的地表水量和地下水量。此外，经过处理的生活污水和工业废水也可作为农业水资源加以利用。地区性农业水资源的规划调度应在各用水部门综合规划平衡、合理安排农业结构的基础上，充分利用有效降水量，发挥土壤的调蓄作用，积极开发利用地表水和合理开采地下水，统筹安排，发挥水资源的最大效益。发展节水农业不仅是一个科学技术问题或工程实践问题，更是水土资源的管理问题。以往水资源利用的研究与实践中，人们更多地关注了生产过程中用水问题，并将注意力集中在如何提高生产过程中用水效率，认为只要提高生产过程中用水效率就可以提高水资源的利用效率，从而缓解水资源危机，进而实现水资源的可持续利用。当虚拟水与水足迹概念提出并被接受之后，为人类解决水资源危机问题提供了一个新的视野与思维方式。人们发现不需要修建大型水利工程也可实现水资源的远距离调运，人们的消费水平与消费方式也与水资源的利用效率密切相关。人们以往对节水农业科学研究、技术研发以及工程实践相对重视一些，而对农业水资源的管理重视不够。事实上，水管理问题在节水农业发展过程中的作用日渐明显，甚至有专家估计通过水管理能够使农业生产用水降低50%。

第二章　阴山北麓水资源赋存演变机制

第一节　研究内容

通过对内蒙古地区气象观测资料、生态气象观测数据和水资源调查数据进行收集和整理，其主要包括阴山北麓降水数据、地下水位数据、农用地表水、农用地下水、地下水可开采量、地下水资源总量、多年平均径流量等，降水数据源于内蒙古地区基本站降水数据，并进一步处理成月累计值和年累计值，以便用于与水资源其他数据的计算，地下水位数据源于内蒙古生态监测站监测的地下水位数据，水资源数据源于水利部门各类年鉴和相关报告中有关于地下水位数据、农用地表水、农用地下水、地下水可开采量、地下水资源总量、多年平均径流量等数据，对其趋势性、突变性和周期性的系统分析，明确阴山北麓地区水资源赋存的演变规律。

一、分区地表水资源量计算方法

地表水资源量即天然年径流量，计算方法为：有水文测站控制时，当径流站控制区降水量与未控制区降水量相差不大时，根据该测站数据使用水文比拟法（按面积比移用到水资源分区），求出分区的天然年径流量；没有水文测站控制的，采用逐年径流等深图计算分区年径流量或采用多年平均径流等深图，选取邻近流域水文测站作为参证站进行计算。

二、平原区地下水资源计算

（一）补给量

降水入渗补给量计算公式如下。

$$Q_{降} = 10-6P \times \alpha \times F$$

式中，$Q_{降}$为降水入渗补给量（万 m³/年），P 为多年平均降水量（m/年），α 为降水入渗补给系数，F 为计算单元面积（m²）。

山前侧向补给量计算公式如下。

$$Q_{侧补} = B \times H \times K \times I$$

式中，$Q_{侧补}$ 为山前侧向补给量，B 为计算剖面长度（m），H 为含水层厚度（m），K 为渗透系数（m/d），I 为水力坡度。

河道渗漏补给量计算公式如下。

$$Q_{河补} = (Q_{上} - Q_{下})(1-\lambda)(L/L_s)$$

式中，$Q_{河补}$ 为河道渗漏补给量，$Q_{上}$ 和 $Q_{下}$ 为上和下游水文测站实测水量（万 m³/年），L 为计算河段长度（km），L_s 为两测站间河段长度，λ 为两测站间河道水面蒸发量与两岸浸润带蒸发量之和占 $(Q_{上}-Q_{下})$ 的比率。

渠道渗漏补给量计算公式如下。

$$Q_{渠补} = Q_{引} \times m$$
$$m = r \times (1-\eta) \times r = 1-\lambda$$

式中，$Q_{渠补}$ 为渠道渗漏补给量（万 m³/年），$Q_{引}$ 为渠首引水量（万 m³/年），m 为渠首渗漏补给系数，r 为修正系数，λ 为渠首水面蒸发量及两岸浸润带蒸发量之和与渠首水量损失的比值，η 为渠系有效利用系数。

（二）排泄量

潜水蒸发量采用潜水蒸发系数法计算公式如下。

$$\varepsilon = 10-6 \times \varepsilon_0 \times C \times F$$

式中，ε 为潜水蒸发量（万 m³/年），ε_0 为水面蒸发量（m/年），C 为潜水蒸发系数，F 为计算面积（m²）。

（三）浅层地下水可开采量

地下水实际开采量：平原区浅层地下水开采量包括农业用水和工业、城市生活用水、农村牧区人畜用水。根据部分年限的实际调查统计数据与年份建立统计关系式，分别计算每年的实际开采量。

根据本区开发利用浅层地下水的实际情况，对计算浅层地下水进行可开采量评价，可开采量计算采用开采系数法，用总补给量作为评价可开采量的保证条件，可开采系数是指同一地区的地下水可开采量与地下水总补给量的比值，即 $\rho = Q_{可开采}/Q_{总补给}$，其中 ρ 为可开采系数，由于浅层地下水总补给量中有一部分要消耗于水平排泄和潜水蒸发，因此可开采系数不应大于 1，对于开采条件好，应选择较大的可开采系数，取值范围在 0.8~1，开采条件一般的地区，取值范围在 0.6~0.8，开采条件较差的地区，取值范围在小于 0.6。

（四）水资源总量

$$W = W_{地表水} + W_{地下水} - W_{重复计算量}$$

式中，W 为水资源总量，$W_{地表水}$ 为地表水资源量，$W_{地下水}$ 为地下水资源量，$W_{重复计算量}$ 为地表水资源量和地下水资源量之间的重复计算量。

三、水资源小网格推算模型

由于水资源数据的获得多数以点或者区域总和的方式获得，所以较难绘制区域分布图，由于水资源分布会受经度、纬度、海拔高度等因子的影响，本研究用水资源数据与各站点地理信息（经度、纬度、海拔）建立关系模型，即水资源小网格推算模型：

$$W = f(\theta, \varphi, h) + \varepsilon$$

式中，W 为水资源数据，θ 代表纬度，φ 代表经度，h 代表海拔，ε 为残差，残差是由实测值减去模型模拟值得到的。

采用多元回归法建立内蒙古 100 个站点地表水资源量、地下水资源总量、水资源总量和平原区浅层地下水可开采量与各站点的海拔（x_1）、经度（x_2）和纬度（x_3）建立分布模型（表 2-1）。

表 2-1 水资源小网格推算模型及显著性检验

指标	回归模型	相关系数	显著检验
地表水资源量	$y = -1\ 054\ 218.5 + 38.7x_1 + 441.2x_2 + 23\ 375.6x_3$	0.53	0.001
地下水资源总量	$y = -125\ 946.1 - 6.1x_1 - 77.9x_2 + 3\ 779.4x_3$	0.53	0.001
水资源总量	$y = -1\ 083\ 613.8 + 29.7x_1 + 1\ 347.6x_2 + 22\ 172.4x_3$	0.55	0.001
平原区浅层地下水可开采量	$y = 85\ 088.7 - 12.3x_1 - 77.1x_2 - 1\ 314.4x_3$	0.42	0.001

第二节 研究结果

一、阴山北麓各旗县水资源空间特征

阴山北麓各区县地表水资源分配极为不均，仅锡林郭勒盟东北部大于 12 559 万 m³，中部大部地区地表水资源量小于 2 244 万 m³。阴山北麓各区县地下水资源总量相对丰沛的地区集中在偏东北部地区，地下水资源总量大约在 20 740 万 m³ 以上，偏少地区在中部，部分地区不足 341 万 m³。阴山北麓各区县平原区浅层地下水可开采量相对较高的区域分布在乌拉特中旗、四子王旗、正蓝旗、锡林浩特市、西乌珠穆沁旗和东乌珠穆沁旗，上述地区平原区浅层地下水可开采量在 6 701 万 m³ 以上，其余大部分地区不足 4 825 万 m³。阴山北麓各区县水资源中部偏少，东北部区域最丰沛，达到 36 038 万 m³ 以上。

二、阴山北麓水资源区域分布

阴山北麓地表水资源量分布不均，中部为低值区，高值区集中在东北部地区，中部大部地区水资源量小于 12 000 m³。阴山北麓地区地下水资源东北部地区地下水资源总量较高，大于 20 000 m³，中部地区为低值区。阴山北麓平原区浅层地下水可开采量大于 5 000 m³ 的区域主要集中在乌拉特中旗中南部、四子王旗西部、正蓝旗西南部、锡林浩特市、西乌珠穆沁旗中西部和东乌珠穆沁旗中西部。阴山北麓水资源总量分布不均，中部偏少，大于 34 000 m³ 的区域主要集中在东北部地区。

三、阴山北麓各旗县水资源变化量

第三次水资源普查结果与第二次水资源普查结果相比，东乌珠穆沁旗、武川县、苏尼特右旗、乌拉特后旗、乌拉特中旗、苏尼特左旗、察哈尔右翼后旗、镶黄旗、商都县和化德县的水资源总量减少 366.08 万～11 066.8 万 m³，太仆寺旗、二连浩特、达茂旗、固阳县、锡林浩特市、察哈尔右翼中旗、正镶白旗、正蓝旗、多伦县、四子王旗和西乌珠穆沁旗增加 341.51 万～11 248.99 万 m³（图 2-1）。地表水资源量方面，东乌珠穆沁旗、武川县、察哈尔右旗后旗、固阳县、察哈尔右翼中旗、商都县、正蓝旗、乌拉特中旗、达茂旗、乌拉特后旗和锡林浩特市减少 61 万～4 293 万 m³，镶黄旗、

化德县、太仆寺旗、苏尼特右旗、多伦县、苏尼特左旗、正镶白旗、四子王旗和西乌珠穆沁旗增加 392 万~3 763 万 m³（图 2-2）。平原区地下水资源量仅二连浩特市增加 1 353.51 万 m³，其余地区下降 508.92 万~29 846.7 万 m³（图 2-3）。平原区浅层地下水可开采量多伦县、正镶白旗、二连浩特和乌拉特中旗增加 17.73 万~1 906.39 万 m³，其余地区减少 459.3 万~31 294.1 万 m³（图 2-4）。

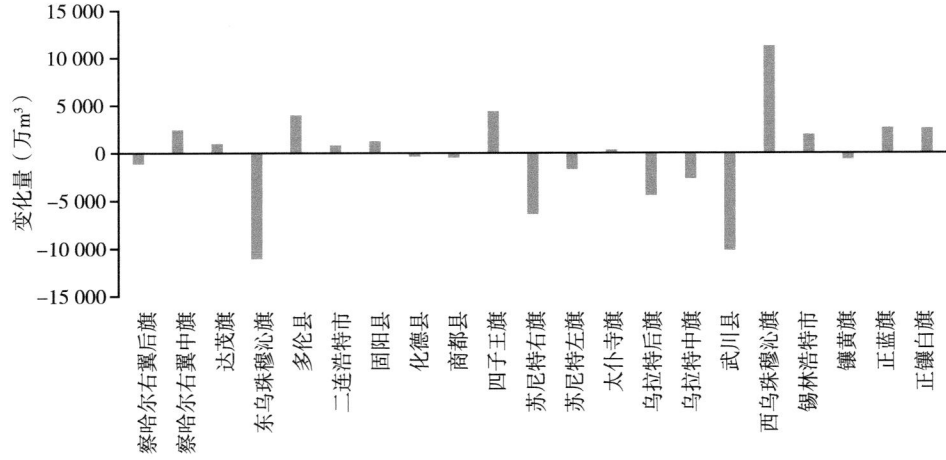

图 2-1　阴山北麓各旗县水资源总量变化量

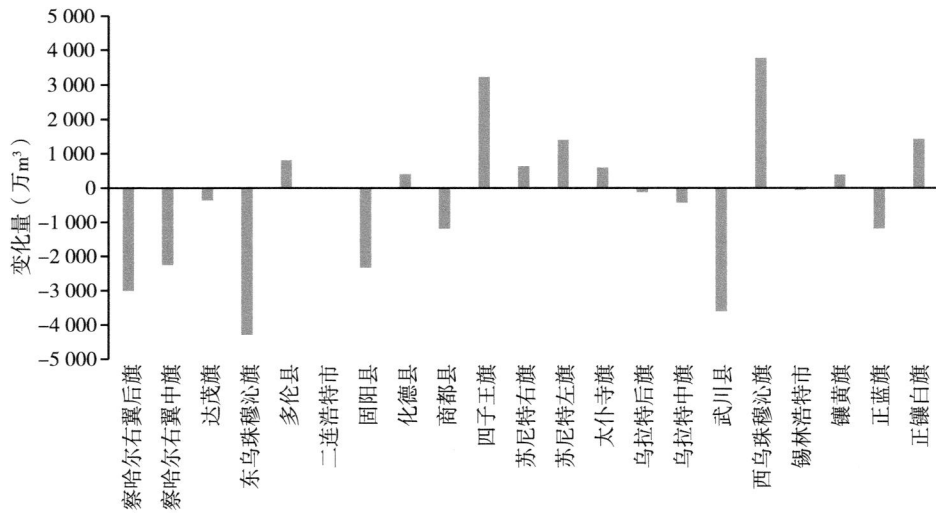

图 2-2　阴山北麓各旗县地表水资源量变化量

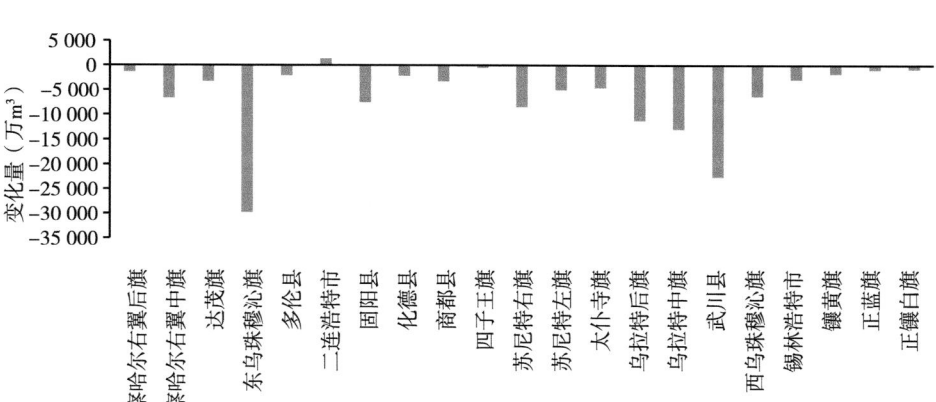

图 2-3 阴山北麓各旗县地下水平原区资源量变化量

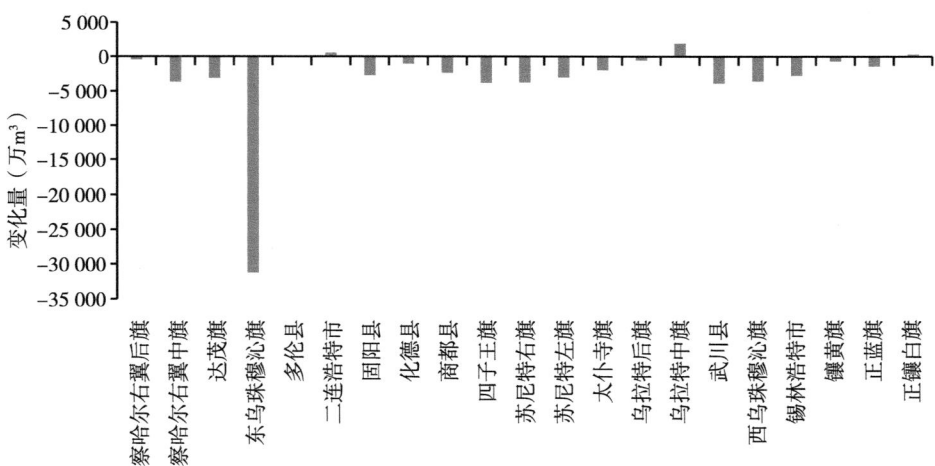

图 2-4 阴山北麓各旗县平原区浅层地下水可开采量变化量

第三节 小 结

地表水资源、地下水资源、水资源总量均表现为东北部地区高,中部偏少,西部最低。东北部地区可以根据水资源总量大于 34 000 m³ 的区域合理种植高耗水作物,但与前 20 年相比,应适当减少高耗水作物种植面积;西部应当种植低耗水作物，减少水资源消耗。阴山北麓地区水资源量中部偏少，丰沛的区域主要集中在东北部地区。相比其他区域，阴山北麓地区水资源缺乏，平原区浅层地下水可开采量较少，农业种植应以低耗水、耐旱作物为主。

第三章 阴山北麓水资源承载力及水资源供给与利用机制

第一节 研究内容

利用多年多点水文地质资料，结合阴山北麓优势作物耗水特征和降水时空变化规律，运用主成分分析法、层次分析法和综合评价法等综合评价阴山北麓水资源供给与利用机制，参照水资源赋存和演变规律，明确阴山北麓水资源承载力。

第二节 研究结果

一、阴山北麓地区降水阈值与旗县分布

阴山北麓地区的平均降水量为199 mm，呈由西向东方向递增趋势，带状分布特征较明显。按照降水量数值分为4个范围区间，依次为108~150 mm、150~200 mm、200~250 mm 和250~317 mm。降水量低于150 mm 的为低值区，包括达茂旗大部、四子王旗北部及锡林郭勒盟西北部；降水量在150~200 mm 为较低值区，包括达茂旗南部、四子王旗大部、苏尼特左旗南部、苏尼特右旗大部及阿巴嘎旗大部；降水量在200~250 mm 为中值区，包括阴山北麓西段偏南地区及东段大部地区；降水量高于250 mm 为高值区，包括武川南部、正蓝旗东部、锡林浩特东部、西乌旗大部、东乌旗东北部。

二、优势作物耗水特征和降水时空变化

根据阴山北麓气象数据，分别针对马铃薯、燕麦、玉米、小麦4种作物开展了农业气候资源时空变化特征分析。得出以下结果。

（一）马铃薯生育期水资源赋存演变规律

1. 研究区概况

内蒙古自治区（97°12′~126°04′E，37°24′~53°23′N）属于高纬度、高海拔地区，温带大陆性气候，光能资源充沛，大部地区年日照时数大于 2 700 h，全年太阳辐射量从东北向西南递增；年总降水量 50~450 mm，东北降水多，向西部递减；年平均气温为 0~8℃。内蒙古大部分地区气候冷凉，日照充足，昼夜温差大，具有适宜马铃薯生产的气候环境。马铃薯在内蒙古各地均有种植，是分布最广、面积和产量比较稳定的农作物之一。但内蒙古农区大部位于农牧交错地带，生态环境脆弱，抵抗自然灾害能力较低，马铃薯生产易受气象条件制约。参考内蒙古自治区农牧厅农业区资料及马铃薯实际种植情况，将研究区域划分为大兴安岭南麓区、大兴安岭北麓区、东部偏南区、阴山南麓区和阴山北麓区及西部区。

2. 数据统计分析

（1）气候统计数据

根据内蒙古 1981—2020 年 119 个气象台（站）气候数据，包括降水、气温、光照、相对湿度等要素，进一步提取的各类要素的历史气候资料数据。

（2）农业气象观测数据

马铃薯生育期资料来源于内蒙古地区 11 个农业气象观测站（突泉县、科尔沁区、奈曼旗、翁牛特旗、太仆寺旗、商都县、武川县、和林格尔县、固阳县和准格尔旗），具体生育期包括播种期、出苗期、分支期、开花期、可收期。在结果分析中将马铃薯分为播种期至出苗期、出苗期至分支期、分支期至开花期和开花期至可收期 4 个生育阶段，利用多年发育期时间统计平均发育期，不同种植区具体发育期时间见表 3-1。

表 3-1 阴山北麓马铃薯不同种植区发育期时间

区域	播种期至出苗期	出苗期至分支期	分支期至开花期	开花期至可收期
包头北、呼市北、乌盟北、锡林郭勒盟	5月中旬至6月中旬	6月下旬至7月上旬	7月中旬至7月下旬	8月上旬至9月中旬

（3）作物生产数据

收集整理 1987 年以来内蒙古马铃薯分县统计产量数据，并建立数据表（库）实现数据阶段更新，包括马铃薯单产、总产和面积数据，并进行气象产量分离、单产丰欠等计算。

(4) 指标收集

参考前人研究成果,综合考虑内蒙古马铃薯种植区的地理位置、农业气候资源等因素,确定适宜马铃薯的气象指标(表3-2至表3-4)。

表3-2 内蒙古马铃薯各生育期三基点温度指标　　　　　单位:℃

发育期	下限温度	适宜温度	上限温度
播种期至出苗期	4	7	20
出苗期至分支期	7	19	25
分支期至开花期	10	20	27
开花期至可收期	8	19	23

表3-3 内蒙古马铃薯各生育期需水量指标　　　　　单位:mm

发育期	需水量
播种期至出苗期	30.00
出苗期至分支期	70.00
分支期至开花期	120.00
开花期至可收期	230.00

表3-4 内蒙古马铃薯各生育期最适日照时数指标　　　　　单位:h

发育期	最适
播种期至出苗期	0
出苗期至分支期	11.0
分支期至开花期	9.5
开花期至可收期	9.6

3. 分析内容

(1) 参考作物蒸散量

利用FAO(1998)推荐的Penman-Monteith公式计算研究区域各站点参考作物蒸散量。

(2) 作物系数

作物系数K_c与作物生育阶段有关,不同作物在不同发育阶段的作物系数不同。本研究采用马鹏里等研究成果《农作物需水量随气候变化的响应研究》文献提供的马铃薯不同生育阶段K_c取值结果,即马铃薯生长初期即出苗期取值0.4，生长中期即块茎形成和块茎膨大期取值1.15，后期即淀粉积累期取值0.75。

（3）作物需水量

作物需水量指在水分供应充足且其他因素不是限制因子的条件下，作物为获得最高产量所需要的水分总量。FAO推荐的"参考作物蒸散量乘以作物系数法"是计算作物需水量最普遍方法。

（4）气候倾向率

本文利用气候倾向率分析需水量的变化趋势，以每年需水量变化的10倍作为需水量变化趋势，表示需水量每10年的变化规律，其中正值表示需水量呈增加趋势，负值呈减少趋势。

（5）水分亏缺值和降水满足率

在农业气象研究领域，定义马铃薯全生育期及各生育阶段需水量与同期降水量的差值为水分亏缺值。正值表示需水量大于降水量，说明降水无法满足马铃薯需水要求；反之负值表示降水可以满足马铃薯需水要求。降水满足率定义为马铃薯全生育期及各生育阶段降水量与同期需水量的比值，即降水量满足马铃薯需水量的比例。当降水满足率≥1时，表示降水量能够满足需水，则记为1。

4. 研究结果

利用SPSS、Microsoft Excel、Matlab等统计软件对气象数据进行分析，马铃薯生长季降水资源时空演变特征研究结果如下。

根据内蒙古1981—2020年119个气象台站逐日降水量数据，统计马铃薯各种植区播种期至出苗期、出苗期至分支期、分支期至开花期、开花期至可收期及整个生长季内降水量，并进行时空变化特征分析。

（1）马铃薯各生育期降水资源年际变化特征

近40年，内蒙古马铃薯播种期至出苗期降水量的波动增加趋势为0.311 5 mm/年，最大值出现在2014年，为76 mm，最小值出现在2003年，为23 mm（图3-1）。

近40年，内蒙古马铃薯出苗期至分支期降水量的弱减少趋势为0.059 6 mm/年，最大值出现在2012年，为65 mm，最小值出现在2010年，为23 mm（图3-2）。

近40年，内蒙古马铃薯分支期至开花期降水量的波动减少趋势为0.308 1 mm/年，最大值出现在1998年，为98 mm，最小值出现在2015年，为31 mm（图3-3）。

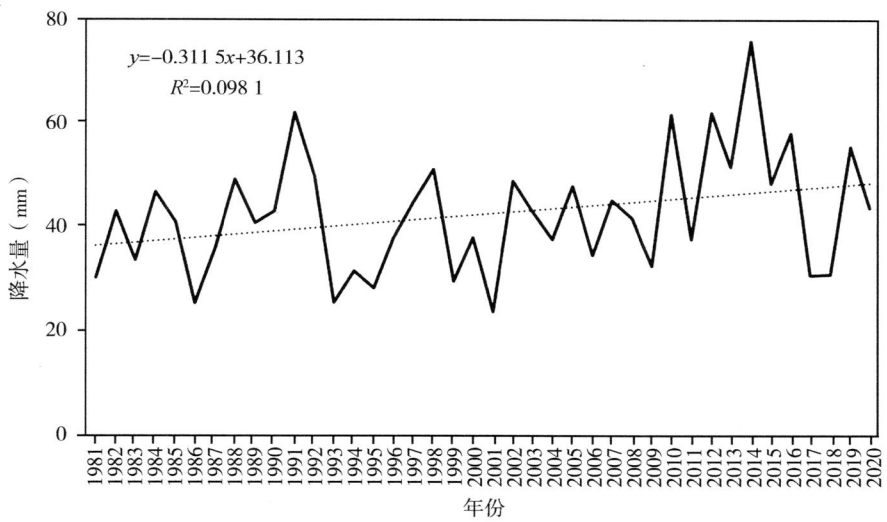

图 3-1 马铃薯播种期至出苗期降水资源年际变化特征

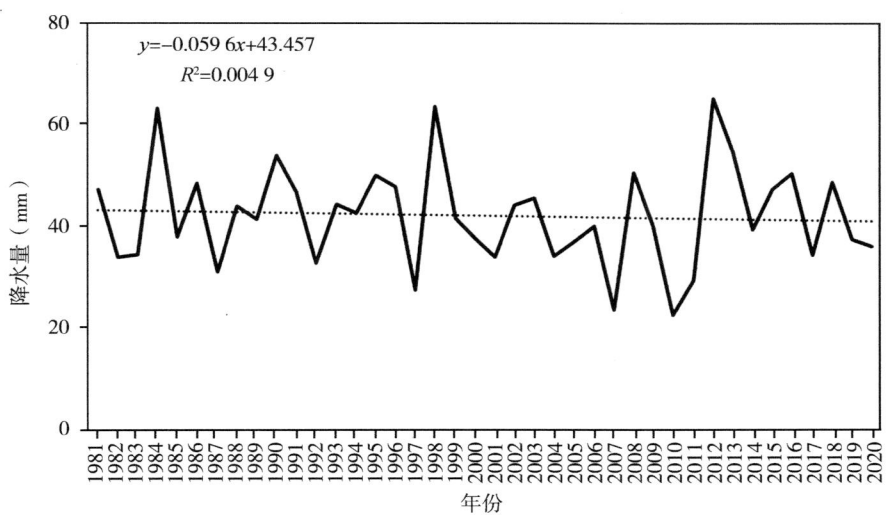

图 3-2 马铃薯出苗期至分支期降水资源年际变化特征

近 40 年,内蒙古马铃薯开花期至可收期降水量的波动减少趋势为 0.278 2 mm/年,最大值出现在 1985 年,为 161 mm,最小值出现在 2007 年,为 76 mm(图 3-4)。

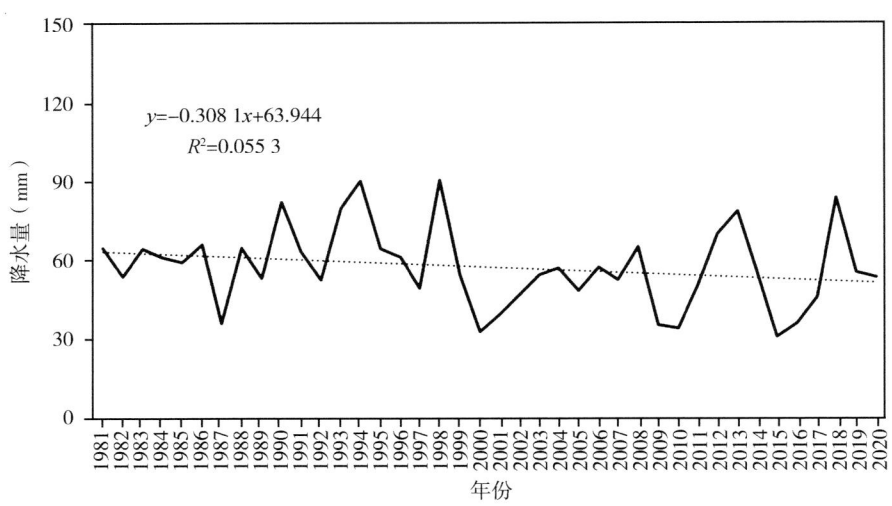

图 3-3　马铃薯分支期至开花期降水资源年际变化特征

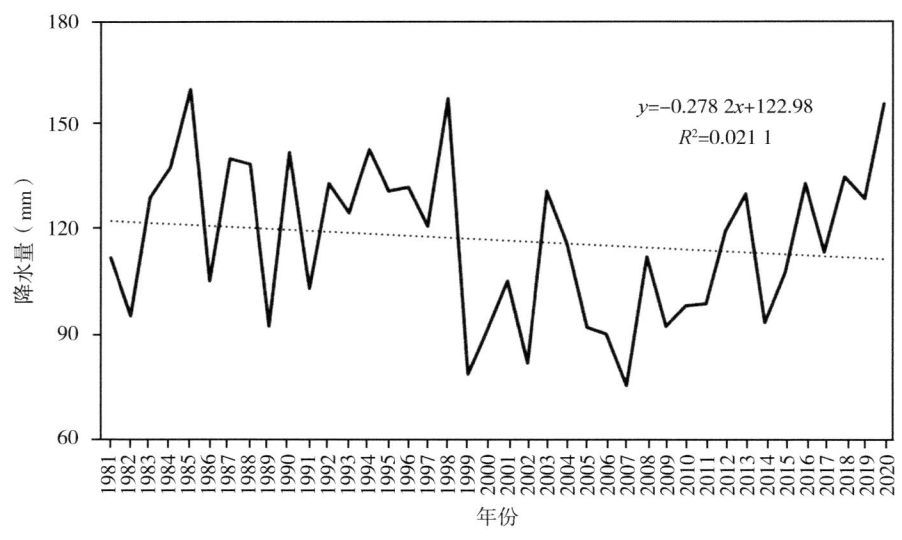

图 3-4　马铃薯开花期至可收期降水资源年际变化特征

近 40 年，内蒙古马铃薯生长季降水量的波动减少趋势为 0.334 4 mm/年，最大值出现在 1998 年，为 364 mm，最小值出现在 2007 年，为 198 mm

(图3-5)。

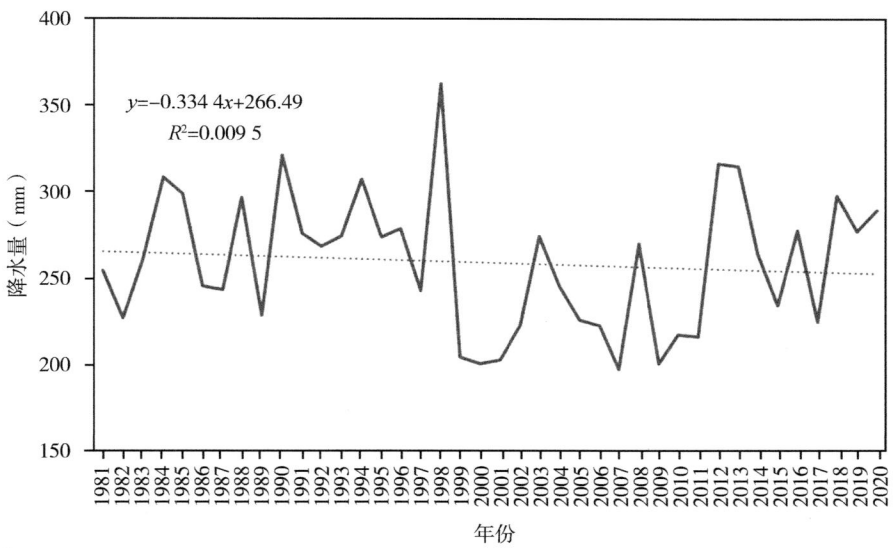

图3-5 马铃薯生长季降水量变化特征

综上所述，近40年，马铃薯降水资源除播种期至出苗期总体呈波动增加趋势，其余发育期及整个生长季总体呈波动减少趋势。

(2) 马铃薯不同生态区全生育期降水资源年际变化

阴山北麓地区马铃薯全生育期内降水量的年际变化较大，最高值为296 mm (1998年)，最低值为125 mm (1982年)，近40年平均降水量为191 mm，降水量最多年份与最少年份相差171 mm。利用气候倾向率方法统计发现，近40年阴山北麓地区马铃薯全生育期降水量年际变化趋势整体呈减少趋势，且平均每10年减少8.3 mm (图3-6)。

需水量的年际间差异相对较小，波动范围为383~491 mm，平均为435 mm。利用气候倾向率方法统计发现，近40年阴山北麓地区马铃薯全生育期需水量年际变化趋势整体呈增加趋势，且平均每10年增加6.6 mm。

相对于需水量，马铃薯全生育期水分亏缺量年际间变化较大，最高为364 mm (2017年)，最低为93 mm (1998年)，近40年平均水分亏缺量为245 mm。水分亏缺量与需水量呈正相关，需水量多的年份也是缺水量多的年份，反之需水量少时对应的年份缺水量也少。

— 25 —

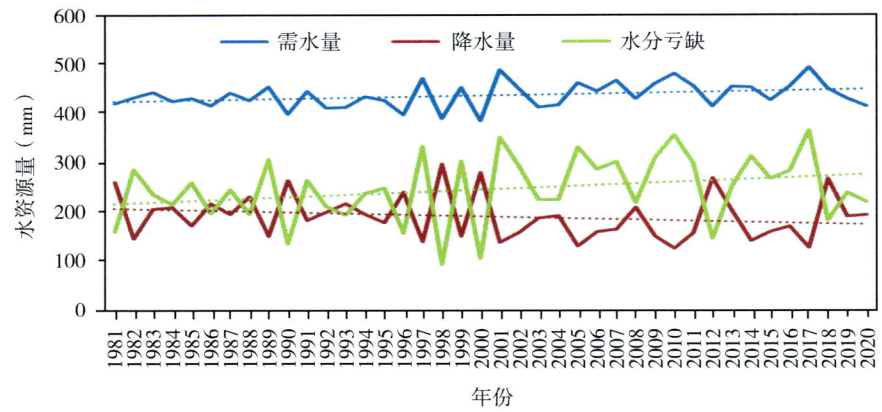

图 3-6　马铃薯阴山北麓区全生育期降水资源年际变化

(3) 马铃薯各生态区不同生育阶段降水资源年际变化

马铃薯各生态区不同生育阶段的水资源年际变化如表 3-5 和图 3-7 所示，降水资源在马铃薯各个生长期呈现出逐渐下降的趋势，而需水量呈逐年增加的趋势，导致水分亏缺量逐渐增大。水分亏缺量从播种期至出苗期每 10 年为 -4.1 mm，在开花期至可收期增加到了每 10 年 13.5 mm。

表 3-5　不同发育期降水资源年际变化趋势表（气候倾向率：mm/10 年）

水资源要素	发育阶段			
	播种期至出苗期	出苗期至分支期	分支期至开花期	开花期至可收期
降水量	3.6	-0.2	-3.3	-8.4
需水量	-0.5	0.2	1.8	5.1
水分亏缺量	-4.1	0.5	5.1	13.5

(4) 马铃薯各生育期降水资源空间分布特征

近 40 年，马铃薯播种期至出苗期降水量西部偏东、中东部大部为 30 mm 以上，其中大兴安岭南麓、通辽市南部、阴山南麓东段及西部偏西南地区，发育期累计降水量达 50 mm 以上，西部偏西降水量不足 20 mm。马铃薯出苗期至分支期降水量大值区主要分布在大兴安岭南麓地区，发育期累计降水量达 70 mm 以上，西部大部、阴山北麓偏北部分地区不足 30 mm，其余地区为 30~70 mm。马铃薯分支期至开花期降水量大值区主要分布在大

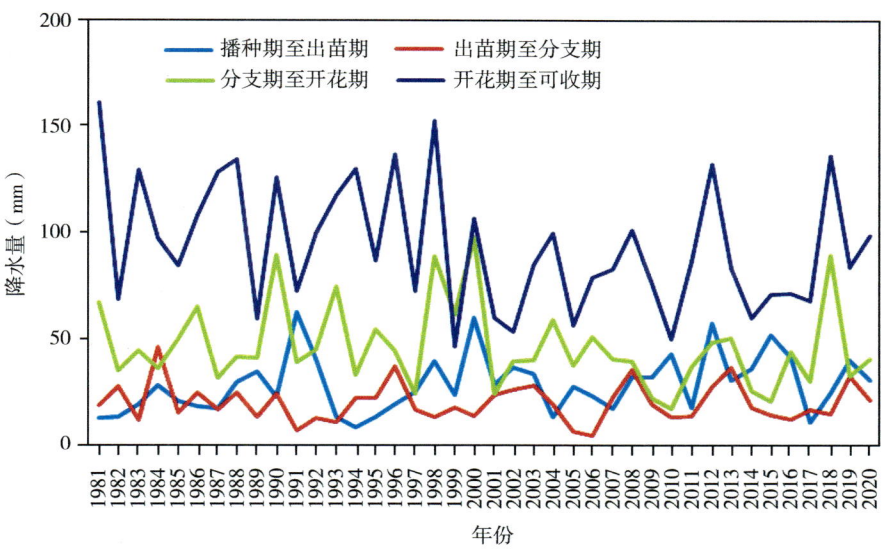

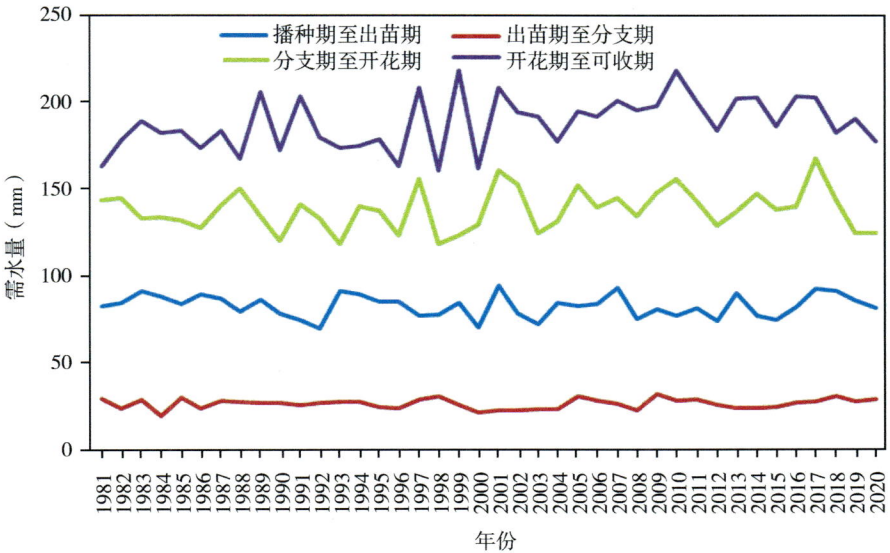

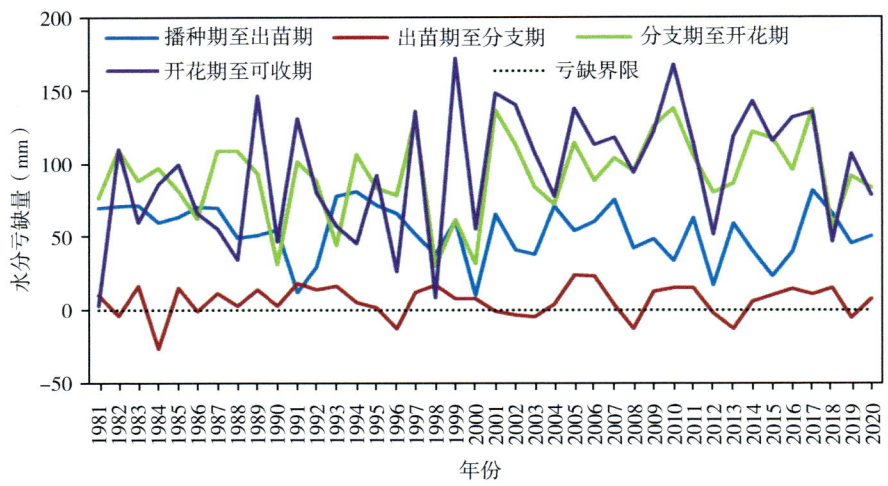

图 3-7 马铃薯阴山北麓区不同生育阶段降水资源年际变化

兴安岭南麓、通辽市北部个别地区，发育期累计降水量达 120 mm 以上，西部偏西、阴山北麓偏北零星地区不足 30 mm，其余地区为 30~120 mm。马铃薯开花期至可收期降水量中西部偏南及东部区达 100 mm 以上，其中大兴安岭南麓北部、东部偏南部分地区、阴山南麓零星地区达 200 mm 以上，西部偏西地区不足 50 mm，其余地区为 50~100 mm。马铃薯生长季降水量中西部偏南及东部区达 300 mm 以上，其中大兴安岭南麓北部、东部偏南零星地区达 400 mm 以上，西部偏西地区不足 150 mm，其余地区为 150~300 mm。马铃薯降水资源除播种期至出苗期大部地区能够满足需求，其余发育期及整个生长季仅大兴安岭南麓部分地区能够满足，其余地区均达不到马铃薯生长发育的水分需求。

（5）马铃薯全生育期和不同生育阶段需水量空间分布特征

研究区域 1981—2020 年马铃薯全生育期需水量空间分布为西高东低，呼伦贝尔和兴安盟西部全生育期需水量在 263~350 mm；通辽、赤峰和兴安盟东部、乌兰察布、鄂尔多斯和呼和浩特等地区全生育期需水量在 350~400 mm；锡林郭勒盟和巴盟及鄂尔多斯部分地区全生育期需水量在 400~450 mm；阿拉善盟、巴盟西部地区全生育期需水量在 450~542 mm。马铃薯播种期至出苗期需水量大值区主要分布在阿拉善盟地区，发育期累计需水量达 80~96 mm，东部大部地区为 36~50 mm，锡林郭勒盟、呼和浩特市和乌兰察布市等大部分地区需水量达 60~80 mm。马铃薯出苗期至分支期需水量大值区主要分布在兴安门东部、通辽和赤峰等地区，发育期累计需水量达 30~42 mm；呼伦贝尔、锡林郭勒盟和乌兰察布市等大部分地区发育期累计需水量达 25~30 mm。巴盟和鄂尔多斯等地区发育期累计需水量达 12~20 mm。阿拉善盟地区发育期累计需水量达 20~25 mm。马铃薯分支期至开花期需水量大值区主要分布在阿拉善盟和巴盟地区，发育期累计需水量达 200~260 mm；呼伦贝尔大部地区需水量达 80~100 mm；兴安盟、通辽、赤峰、锡林郭勒盟、乌兰察布市、呼和浩特市等地区发育期累计需水量达 100~150 mm；巴盟东部区和鄂尔多斯市大部分地区发育期累计需水量达 150~200 mm。马铃薯开花期至可收期吸水量阿拉善等地区达 220~250 mm，呼伦贝尔市北部大部分地区发育期累计需水量达 133~160 mm；其他地区发育期累计需水量达 160~220 mm。

（二）燕麦种植区降水量和需水量时空变化特征

作物需水量是科学确定灌溉时期和灌溉量的重要依据。本研究基于内蒙古燕麦种植区 15 个气象站点的气候资料以及燕麦生育期资料，采用 FAO (1998) 推荐的 Penman-Monteith 公式和作物系数分析了内蒙古燕麦 1981—2020 年生长季及不同生育期的降水量、需水量、水分亏缺量，明确了燕麦水分亏缺指数的空间分布特征和年代际变化特征，并结合降水量时空分布特征，综合分析燕麦生长季内水分满足情况。

1. 研究内容

1) 研究区域概况

内蒙古自治区地处中国北部边疆，位于 37°24′~53°23′N，97°12′~126°04′E 之间，由东北向西南斜伸，土地资源丰富，大部地区光照充足、气候干燥、冷凉，昼夜温差大，大部分耕地属于丘陵旱坡地。该地区特殊的地理位置和气候环境较适宜种植抗逆性较强的燕麦。

2) 数据来源

研究区域内 15 个站点 1981—2020 年的地面气象观测数据来自内蒙古自治区气象信息中心，包括逐日的平均本站气压、平均温度、日最高气温、日最低气温、降水量、平均水汽压、平均相对湿度、日照时数、平均风速等。

燕麦生育期资料来源于呼和浩特武川试验站，主要包括耐寒品种燕麦生育期天数及平均发育期状况等资料，将燕麦分为播种期至出苗期、出苗期至分蘖期、分蘖期至拔节期、拔节期至孕穗期、孕穗期至抽穗期、抽穗期至灌浆期和灌浆期至成熟期 7 个生育期。以燕麦主产区呼和浩特武川耐旱品种燕麦生育期为准,全生育期(播种期至成熟期)109 天(表 3-6)。

表 3-6　武川耐旱品种燕麦平均发育期状况

生育期	日期(月.日)
播种期	5.20
出苗期	6.10
分蘖期	6.25
拔节期	7.10
孕穗期	7.20
抽穗期	8.10
灌浆期	8.20
成熟期	9.50

3)数据计算

(1)参考作物蒸散量的计算

利用 FAO(1998)推荐的 Penman-Monteith 公式计算研究区域部分站点参考作物蒸散量。

$$W = \frac{0.408 \times \Delta(R_n - G) + \gamma \frac{900}{T+273}) \times U_2 VPD}{\Delta + \gamma(1 + 0.34U_2)}$$

式中,W 为参考作物蒸散量,mm/天;R_n 为地表净辐射,MJ/(m²·天);G 为土壤热通量,MJ/(m²·天);T 为 2 m 高处日平均气温,℃;U_2 为 2 m 高处风速,m/s;Δ 为饱和水汽压曲线斜率,kPa/℃;γ 为干湿表常数,kPa/℃。

(2)作物系数的确定

作物系数(K_c)是作物某生长发育阶段的需水量(ET_c)与该阶段参考作物蒸散量(W)的比值,是作物本身生物学特性的反映。它与作物种类、品种、生育期、作物的生育阶段等因素有关,反映了作物本身的生物学特性、作物种类、产量水平、土壤水肥状况以及田间管理水平等对农田蒸发蒸腾量的影响。查阅联合国粮农组织推荐的燕麦各生育阶段的作物系数 K_c(表 3-7),供参考。

表3-7 燕麦作物系数 K_c

	生育初期	生育中期	生育末期	全生育期
作物系数 K_c	0.3	1.15	0.35	0.92
对应日期	5.20~6.24	6.25~7.31	8.1~9.5	5.20~9.5

（3）作物需水量的计算

作物需水量指在水分供应充足且其他因素不是限制因子的条件下，作物为获得最高产量所需要的水分总量。FAO推荐的"参考作物蒸散量乘以作物系数法"是计算作物需水量最普遍方法，计算公式如下。

$$ET_c = K_c \times W$$

式中，ET_c 为某一时段的作物需水量，mm；W 为对应时段的参考作物蒸散量，mm；K_c 为同一时段的作物系数。

（4）时间变化趋势计算方法

在计算需水量变化趋势时，采用最小二乘法，计算样本与时间的线性回归系数 a，从而需水量的变化即可用一次线性方程表示，即

$$x_i = at_i + b$$

式中，x_i 为第 t 年 i 生育阶段内的需水量，mm；t_i 为对应 i 生育阶段的年份；a 和 b 为线性回归系数。以 a 的 10 倍作为需水量变化趋势，表示需水量每 10 年的变化规律，其中正值表示需水量呈增加趋势，负值呈减少趋势。

（5）图表绘制

使用 Microsoft Excel 2016 进行数据处理和 SPSS 19.0 进行统计分析。

2. 研究结果

（1）降水量空间分布特征

1981—2020 年燕麦生长季内平均降水量在 23.2~425.8 mm，平均为 234.9 mm，呈东多西少特征。按照降水量数值范围分为 4 个区，依次为 23~150 mm、150~200 mm、200~250 mm 和 250~425 mm，降水量低于 150 mm 的为低值区，包括锡林郭勒盟西北部、鄂尔多斯市西北部、巴彦淖尔市西部和阿拉善盟地区。燕麦播种期至出苗期降水量空间分布在 2.6~44.3 mm，平均为 21.9 mm。燕麦出苗至分蘖期降水量空间分布在 1.7~54.7 mm，平均为 28.5 mm。燕麦分蘖期至拔节期降水量空间分布在 2.8~70.4 mm，平均为 37.5 mm。燕麦拔节期至孕穗期降水量空间分布在 2.0~53.2 mm，平均为 27.0 mm。燕麦孕穗期至抽穗期降水量空间分布在 4.1~75.4 mm，平均为 38.9 mm。燕麦抽穗期至灌浆期降水量空间分布在 5.2~

89.2 mm，平均为 48.6 mm。燕麦灌浆期至成熟期降水量空间分布在 3.5~59.2 mm，平均为 32.5 mm。可见，各生育阶段降水量空间分布特征东南和东北多、西北少的特征，与全生育期降水量空间分布特征基本一致。比较燕麦各生育阶段降水量可知，抽穗期至灌浆生育阶段降水量最大，孕穗期至抽穗期降水量次之，播种期至出苗期降水量最小。

（2）需水量空间分布特征

1981—2020 年燕麦全生育期平均需水量在 309.5~834.2 mm，平均为 471.5 mm，呈西多东少特征。按照需水量数值范围分为 4 个区，依次为 309~350 mm、350~500 mm、500~650 mm 和 650~834 mm。燕麦需水量低于 350 mm 的为低值区，主要集中在呼伦贝尔北部和兴安盟阿尔山地区；较低值区（350~500 mm）主要包括中部偏南地区、锡林郭勒盟东部及以东大部地区，锡林郭勒盟西北部、鄂尔多斯市西北部、巴彦淖尔市西部和阿拉善盟地区；中值区（500~650 mm）包括西南部和中西部偏北大部地区；高值区（650~834 mm）集中在阿拉善盟西北部地区和巴彦淖尔零星地区。燕麦播种期至出苗期需水量在 21.5~53.6 mm，平均为 33.3 mm。燕麦出苗期至分蘖期需水量空间分布在 15.7~40.1 mm，平均为 23.1 mm。燕麦分蘖期至拔节期需水量空间分布在 59.4~153.0 mm，平均为 87.0 mm。燕麦拔节期至孕穗期需水量空间分布在 38.8~103.1 mm，平均为 56.4 mm。燕麦孕穗期至抽穗期需水量空间分布在 42.0~119.0 mm，平均为 64.7 mm。燕麦抽穗期至灌浆期需水量空间分布在 18.2~52.9 mm，平均为 28.4 mm。燕麦灌浆期至成熟期需水量空间分布在 13.1~40.9 mm，平均为 21.9 mm。可见，各生育阶段需水量空间分布特征中东部少、西北部多的特征，与全生育期需水量空间分布特征基本一致，但与降水量空间分布特征趋势相反。比较燕麦各生育阶段需水量看出，分蘖期至拔节期生育阶段需水量最大，孕穗期至抽穗期生育阶段需水量次之，灌浆期至成熟期需水量最小。

（3）降水量年代演变特征

为内蒙古 1981—2020 年燕麦全生育期降水量变化趋势每 10 年在 -24.72~67.71 mm，平均在 -4.48 mm，中东部大部地区燕麦全生育期降水量呈下降趋势，其中，有 5 个站点减幅达显著水平（通过 $\alpha=0.05$ 的显著性检验，下同），其余地区的燕麦全生育期降水量均呈上升趋势，阿拉善盟巴彦诺尔公苏木增幅达显著水平。燕麦播种期至出苗期阶段降水量的变化情况，其值每 10 年在 -2.06~9.51 mm，平均为 2.49 mm，大部地区呈上升趋势，西部偏南部分地区呈下降趋势，其中，有 12 个站点增幅达显著水平，通辽市开鲁县增幅达极显著水平（通过 $\alpha=0.01$ 的显著性检验，下同）。燕麦出苗期至分蘖期阶段降水量的变化情况，其值每 10 年在 $-8.37 \sim 16.49$ mm，平均为 -0.63 mm，大部地区呈下降趋势，东部偏东部分地区呈上升趋势，呼伦贝尔市莫力达瓦达斡尔族自治旗增幅达显著水平，乌兰察布市察右中旗、集宁区和兴和县减幅达显著水平，乌兰察布市察右前旗和商都县减幅达极显著水平。燕麦分蘖期至拔节期阶段降水量的变化情况，其值每 10 年在 $-11.82 \sim 9.23$ mm，平均为 -1.73 mm，大部地区呈下降趋势，西南部和东北部部分地区呈上升趋势，乌兰察布市商都县和锡林郭勒盟多伦县减幅达显著水平，兴安盟高力板镇减幅达极显著水平。燕麦拔节期至孕穗期阶段降水量的变化情况，其值每 10 年在 $-16.19 \sim 9.95$ mm，平均为 -1.34 mm，东部大部呈下降趋势，有 10 个站点减幅达显著水平，中西部大部地区呈上升趋势，乌兰察布市集宁区和鄂尔多斯市准格尔旗增幅达显著水平。燕麦孕穗期至抽穗期降水量的变化情况，其值每 10 年在 $-10.02 \sim 8.09$ mm，平均为 -0.51 mm。中东部大部呈下降趋势，呼伦贝尔市满洲里市减幅达显著水平，西部地区和东部偏东零星地区呈上升趋势，巴彦淖尔市磴口县增幅达显著水平。燕麦抽穗期至灌浆期降水量的变化情况，其值每 10 年在 $-13.87 \sim 10.28$ mm，平均为 -2.14 mm。大部地区呈下降趋势，锡林郭勒盟阿巴嘎旗和包头市达茂旗减幅达显著水平，包头市白云鄂博矿区减幅达极显著水平，西南部零星地区和东部偏东部分地区呈上升趋势。燕麦灌浆期至成熟期降水量的变化情况，其值每 10 年在 $-9.83 \sim 47.01$ mm，平均为 -0.62 mm。大部地区呈下降趋势，有 8 个站点减幅达显著水平，锡林郭勒盟镶黄旗减幅达极显著水平，中部和东南部零星地区呈上升趋势，有 4 个站点增幅达显著水平。

（4）需水量年代演变特征

研究区域 1981—2020 年燕麦全生育期需水量变化趋势每 10 年在 $-39.55 \sim 23.74$ mm，平均为 2.56 mm，东部大部地区呈上升趋势，有 9 个站点增幅达显著水平，有 22 个站点增幅达极显著水平，西部大部地区呈下降趋势，有 6 个站减幅达显著水平，有 5 个站减幅达极显著水平。播种期至出苗期需水量的变化情况，其值每 10 年在 $-1.79 \sim 1.59$ mm，平均为 -0.11 mm，中西部大部地区燕麦全生育期需水量呈下降趋势，有 7 个站点减幅达显著水平，阿拉善盟（额济纳旗和阿拉善左旗）和呼伦贝尔扎兰屯减幅达极显著水平，东部大部地区呈上升趋势，有 5 个站增幅达显著水平，呼和浩特市市区和赤峰市阿鲁科尔沁旗增幅达极显著水平。出苗期至分蘖期阶段需水量的变化情况，其值每 10 年在 $-1.74 \sim 1.07$ mm，平均为 0.01 mm，大部地区呈下降趋势，阿拉善盟额济纳旗和乌海市减幅达显著水平，阿拉善盟吉井滩示范区减幅达极显著水平；东部偏北部分地区呈上升趋势，有 5 个站增幅达显著水平，呼伦贝尔市额尔古纳市增幅达极显著水平；其余大部地区变化不明显。分蘖期至拔节期需水量的变化情况，其值每 10 年在 -7.73~7.58 mm，平均为 1.30 mm，中东部大部地区呈上升趋势，有 15 个站增幅达显著水平，有 17 个站增幅达极显著水平；西部零星地区呈下降趋势，阿拉善盟阿拉善左旗、鄂尔多斯市（伊和乌素苏木、鄂托克旗）和乌海市 4 个站减幅达显著水平，巴彦淖尔市乌拉特后旗和阿拉善盟吉井滩示范区减幅达极显著水平。拔节期至孕穗期需水量的变化情况，其值每 10 年在 -5.97~4.25 mm，平均为 0.004 mm，东部大部地区呈上升趋势，有 6 个站增幅达显著水平，有 13 个站增幅达极显著水平，中西部大部地区呈下降趋势，有 5 个站减幅达显著水平，巴彦淖尔市乌拉特后旗、呼和浩特市土默特左旗、阿拉善盟吉井滩示范区和额济纳旗减幅达极显著水平。孕穗期至抽穗期需水量的变化情况，其值每 10 年在 -6.32~4.31 mm，平均为 0.60 mm。中东部大部地区呈上升趋势，有 9 个站增幅达显著水平，有 7 个站增幅达极显著水平；西部零星地区呈下降趋势，阿拉善盟阿拉善左旗和乌海市 2 个站减幅达显著水平，巴彦淖尔乌拉特后旗和阿拉善盟吉井滩示范区 2 个站减幅达极显著水平。抽穗期至灌浆期需水量的变化情况，其值每 10 年在 -4.54~1.7 mm，平均为 -0.48 mm。中东部大部地区呈上升趋势，有 22 个站增幅达显著水平，有 7 个站点增幅达极显著水平，西南部零星地区呈下降趋势，通辽市霍林郭勒市和乌海市 2 个站减幅达显著水平，阿拉善盟吉井滩示范区减幅达极显著水平；其余大部地区变化不明显。灌浆期至成熟期需水量的变化情况，其值每 10 年在 -5.46~1.29 mm，平均为 0.03 mm。东部偏东部分地区和西部零星地区呈上升趋势，赤峰市克什克腾旗、锡林郭勒盟正蓝旗和呼和浩特市和林格尔县 3 个站增幅达显著水平，有 5 个站点增幅达极显著水平，中东部偏南和西北部零星地区呈下降趋势，有 6 个站减幅达显著水平，通辽市霍林郭勒市和阿拉善盟吉井滩示范区 2 个站减幅达极显著水平；其余大部地区变化不明显。

（三）玉米降水量和需水量时空变化特征

利用内蒙古气象观测站资料和玉米农业气象观测数据，收集整理相关数据集，分析玉米生长季和关键发育期内降水量和需水量的时间变化规律和空间分布特征，明确降水量和需水量的演变规律（表 3-8 和表 3-9）。

1. 研究方法

（1）气候统计数据

根据内蒙古 1981—2020 年间 119 个气象台（站）气候数据，包括降水、气温、光照等要素，进一步提取的各类要素的历史气候资料数据。

（2）农业气象观测数据

根据内蒙古 25 个玉米农业气象观测站发育期、产量等观测要素，确定玉米不同种植区发育期时间表。

表 3-8　玉米不同种植区生育期时间表

种植区	播种期至出苗期	出苗期至拔节期	拔节期至抽雄期	抽雄期至乳熟期	乳熟期至成熟期
东北部	5月中旬至5月下旬	6月上旬至7月上旬	7月中旬至7月下旬	8月上旬至8月下旬	9月上旬至9月中旬
东南部	5月上旬至5月中旬	5月下旬至6月下旬	7月上旬至7月中旬	7月下旬至8月中旬	9月上旬至9月中旬
阴山南麓	5月上旬至5月中旬	5月下旬至6月下旬	7月上旬至7月下旬	7月下旬至8月中旬	9月上旬至9月中旬
阴山北麓	5月下旬	6月上旬至7月上旬	7月中旬至7月下旬	8月上旬至8月中旬	8月下旬至9月中旬
西部	5月上旬	5月中旬至6月下旬	7月上旬至7月中旬	7月下旬至8月中旬	8月下旬至9月上旬

表 3-9　玉米不同种植区域分布和站点数

种植区	区域	观测站个数
东北部	呼伦贝尔市、兴安盟	24
东南部	通辽市、赤峰市	25
阴山南麓	包头南部、呼河浩特市南部、乌兰察布市南部	14
阴山北麓	包头市北部、呼河浩特市北部、乌兰察布市北部、锡林郭勒盟	26
西部	巴彦淖尔市、鄂尔多斯市、阿拉善盟、乌海市	30

2. 研究结果

（1）玉米生长季不同区域降水时空演变特征

根据内蒙古 1981—2020 年 119 个气象台站逐日降水量数据，统计玉米各种植区不同发育阶段及整个生长季内降水量，并进行时空变化特征分析。近 40 年，阴山北麓地区降水在玉米的播种期至出苗期呈现增加的趋势；出苗期至拔节期降水呈现减少的趋势；拔节期至抽雄期降水无显著变化趋势；抽雄期至乳熟期和乳熟期至成熟期呈现显著的减少趋势（图3-8）。

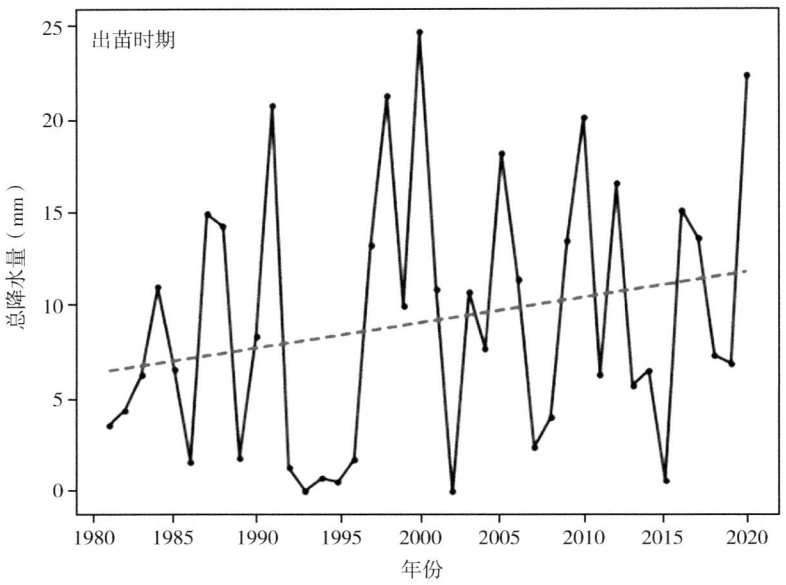

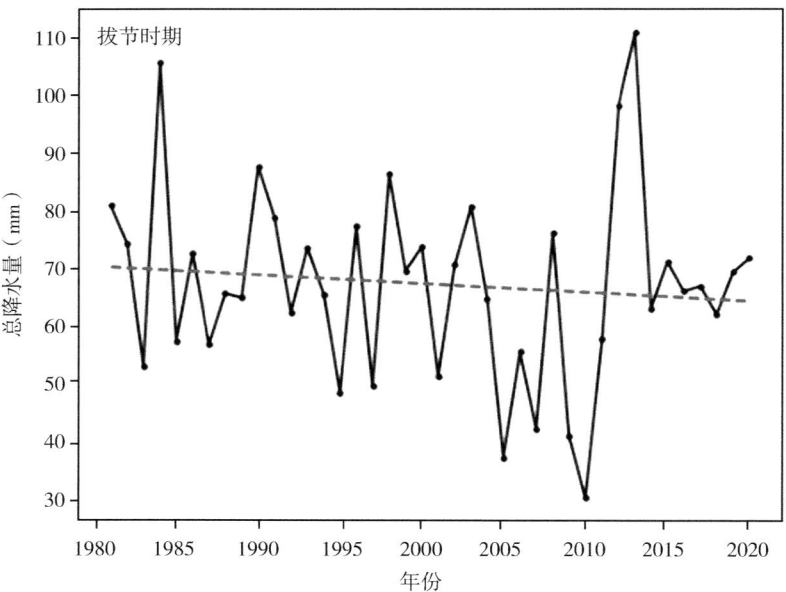

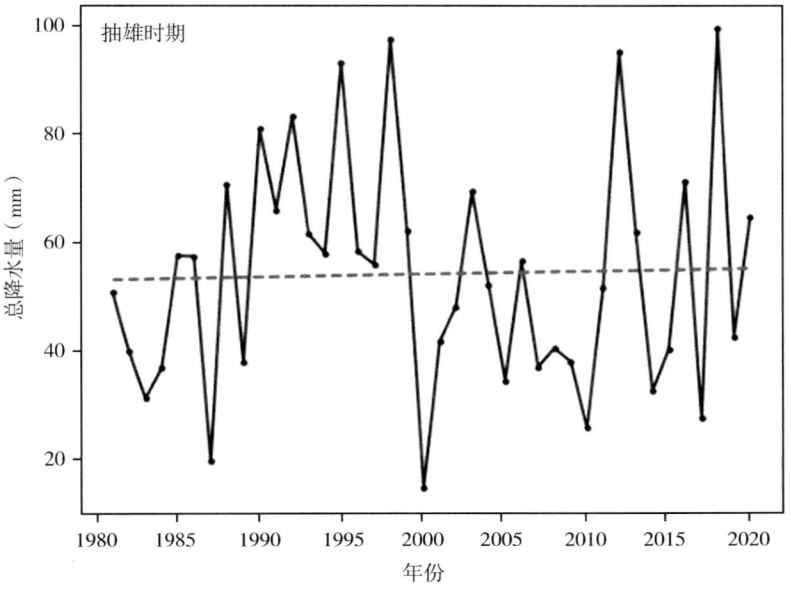

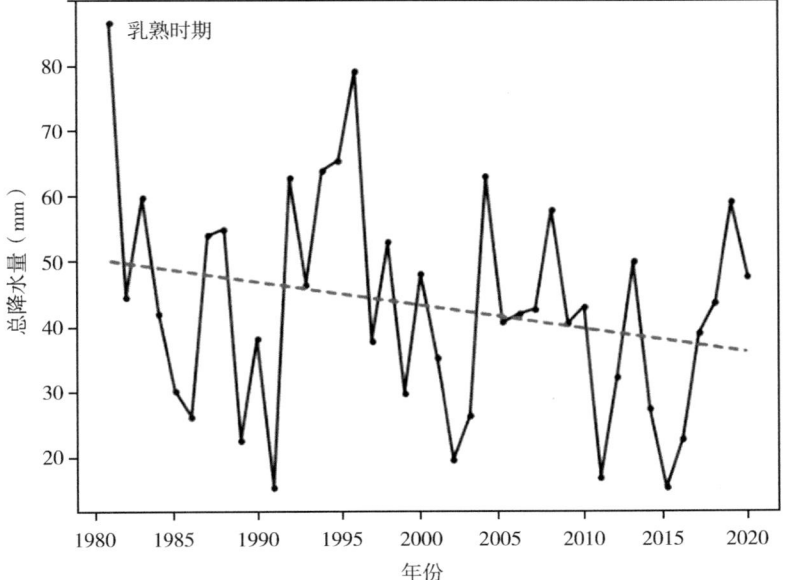

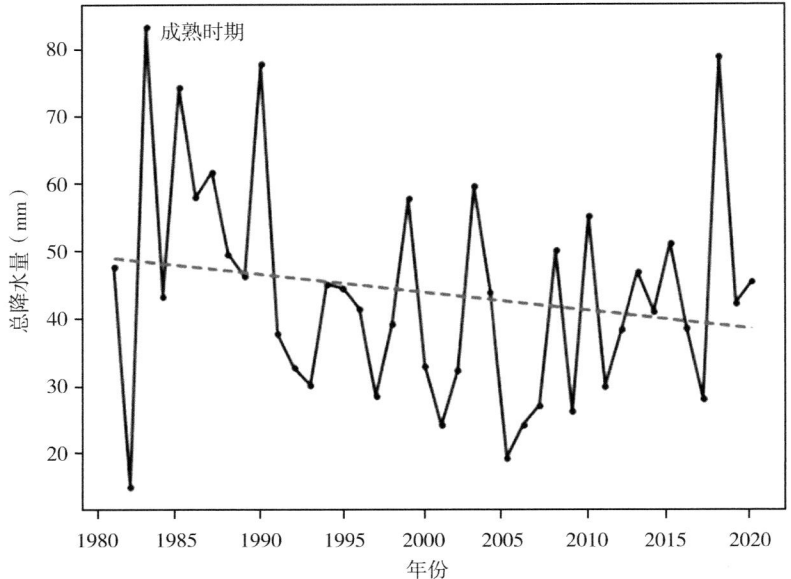

图 3-8　阴山北麓地区玉米各发育期降水年际变化特征

（2）玉米各区域生育期降水年际变化特征

由图 3-9 可知，40 年中阴山北麓地区的玉米在生长季整体呈现下降的趋势，降水量的平均值为 217 mm，降水量最大值为 297.2 mm，降水量最小值为 149.4 mm。从区域上看，在生长季降水从东北部到西部降水趋势由下降到上升，西部区域降水在逐渐增加，东部地区降水在逐渐减少。

（3）玉米各发育期降水空间分布特征

从 40 年各个生育期降水空间分布可知，在播种期至出苗期降水由西部向东北部区逐渐递增，阴山北麓偏北地区小于 10 mm，阴山北麓偏南为 10~15 mm。出苗期至拔节期降水由西部向东北部区逐渐递增阴山北麓的偏西地区为 40~70 mm；拔节期至抽雄期降水由西部向东北部区逐渐递增，阴山北麓的中部地区的降水量小于 40 mm；抽雄期至乳熟期降水由西部向东北部区逐渐递增，阴山北麓的中部地区的降水量小于 40 mm，阴山北麓大部地区降水量为 40~70 mm；乳熟期至成熟期降水呈现中部和东北部高，西部和东南部偏低的趋势，阴山北麓的偏西地区降水量为 20~30 mm。从 40 年玉米生育期平均年降水分布可知，降水分布呈现由西向东递增的趋势，阴山北麓降水量在 150~300 mm，降水基本无法满足玉米生长所需水分。

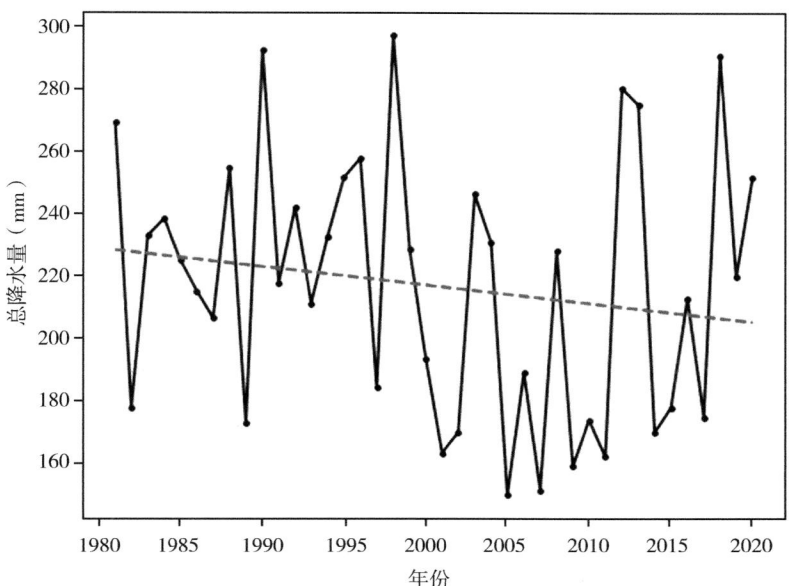

图 3-9 内蒙古阴山北麓地区玉米生育期降水量

(4) 玉米各生长阶段作物系数变化特征

作物系数是实际蒸散量与潜在蒸散量的比值。受土壤、气象因素、生长条件和种植管理的影响，不同生育期和不同作物的作物系数需要根据当地田间试验结果确定。由于缺乏实验数据，我们采用 FAO56 推荐的典型作物系数，并根据气候、土壤和作物生长数据对作物发育中期和后期其进行修正，修正公式如下。

$$K_c = K_{ctab} + [0.04 \times (U_2 - 2) - 0.004 \times (RH_{min} - 45)] \times (h/3)^{0.3}$$

其中作物系数 K_{ctab} 参考 FAO56 推荐的 84 种作物系数及其修正方法，得出内蒙古主要作物的作物系数 K_c（表 3-10）。

表 3-10 作物生长系数及作物生育期基本参数

	发育初期	快速发育期	发育中期	成熟期
FAO 推荐 K_c	0.3	—	1.2	0.6
作物高度（h/m）	0.8	—	1.5	2.5
生长天数	20.0	30.0	80.0	20.0

由图 3-10 可知，1981—2020 年，阴山北麓区域生长中期（K_{cmid}）和成熟期（K_{cend}）多年平均 K_c 值分别为 1.27 和 0.69。阴山南麓区域生长中期（K_{cmid}）和成熟期（K_{cend}）多年平均 K_c 值分别为 1.21 和 0.63。

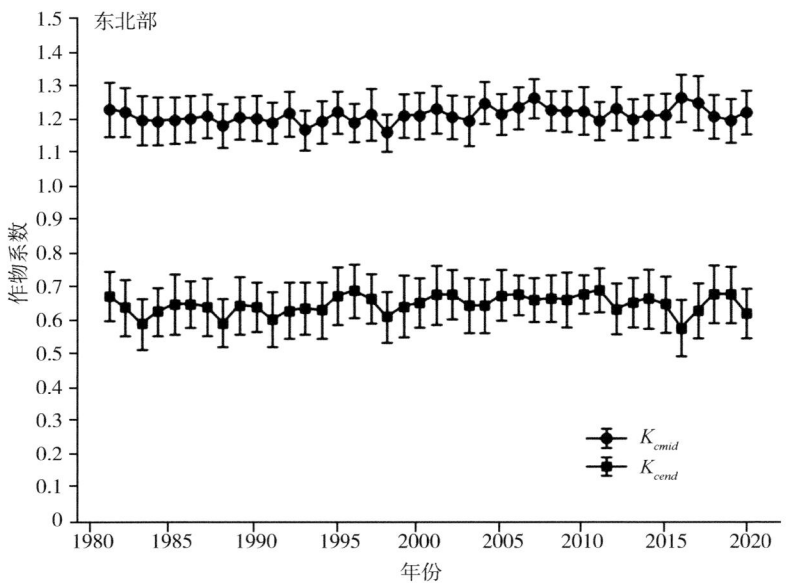

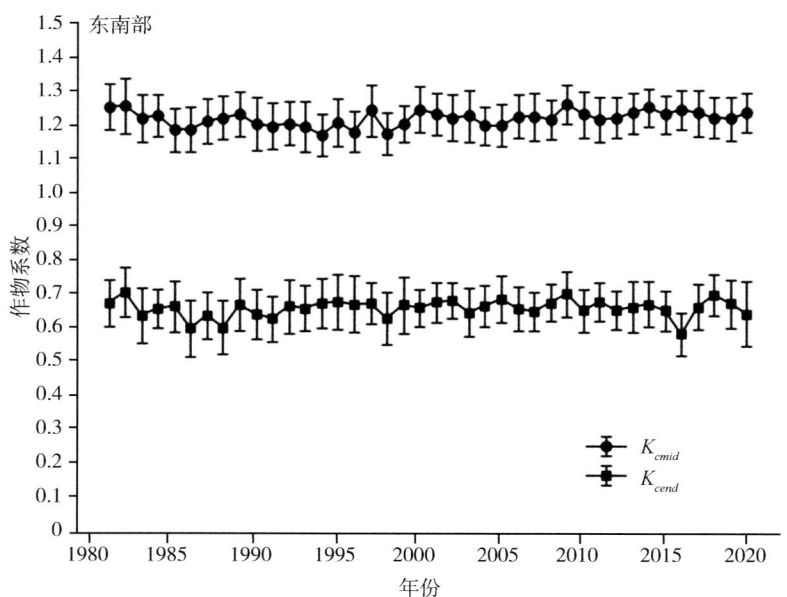

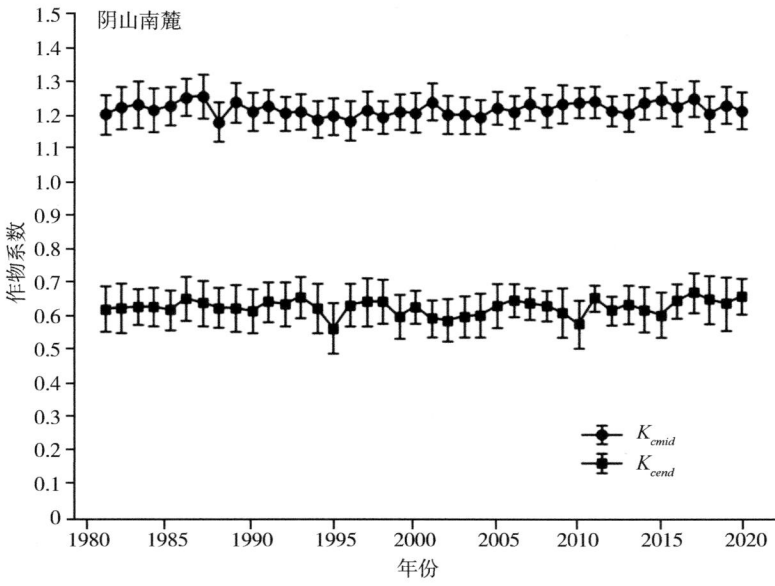
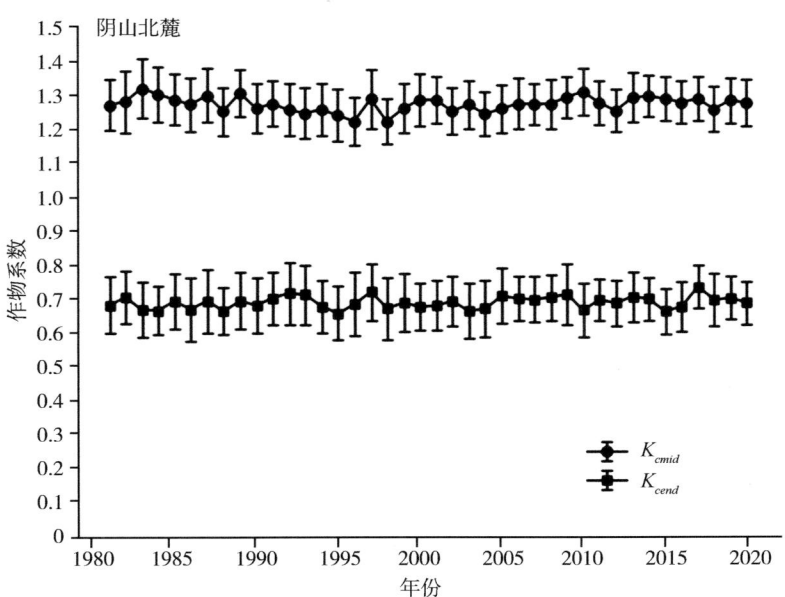

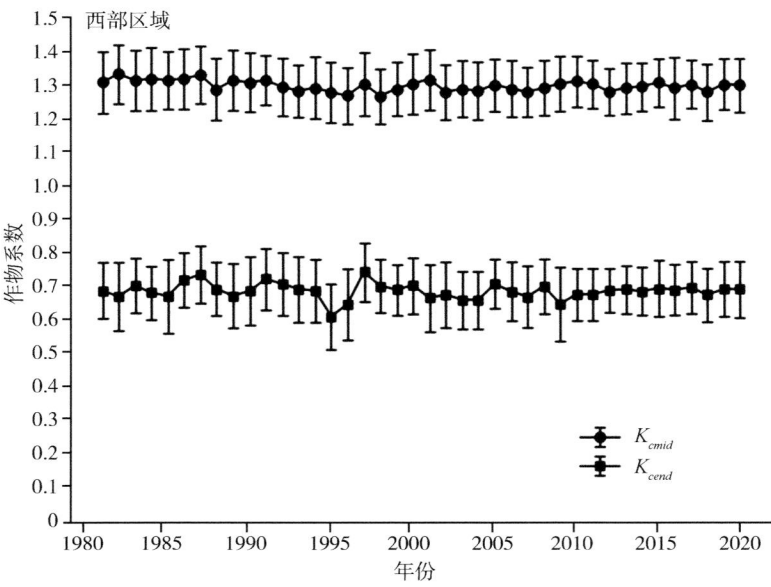

图 3-10　不同区域春玉米生长中期和成熟期作物系数年变化

（5）玉米不同区域各生长阶段需水量年际变化特征

由图 3-11 可知，阴山北麓地区近 40 年玉米需水量在玉米的发育初期和成熟期呈现快速增长的趋势，快速发育期和发育中期作物需水量呈现略增趋势。发育初期年平均作物需水量为 17.8 mm，快速发育期的作物需水量为 164.7 mm，发育中期的作物需水量为 245.2 mm，成熟期的作物需水量为 77 mm。

（6）玉米生长季不同区域需水量年际变化特征

阴山北麓地区近 40 年中玉米生长季的需水量整体呈现上升趋势（图 3-12），需水量平均值为 504.7 mm，需水量最大值为 565.5 mm，需水量最小值为 445.4 mm。

（7）玉米各发育期及生长季需水量空间分布特征

从 40 年中各个生长阶段需水量空间分布可知，在玉米生长初期需水量由西部向东部区逐渐递增，阴山北麓偏南大部分地区为 18~23 mm；玉米快速发育期需水量由东部向西部区逐渐递增，阴山北麓地区为 150~200 mm；玉米生长中期需水量由东部向西部区逐渐递增，阴山北麓大部地区小于

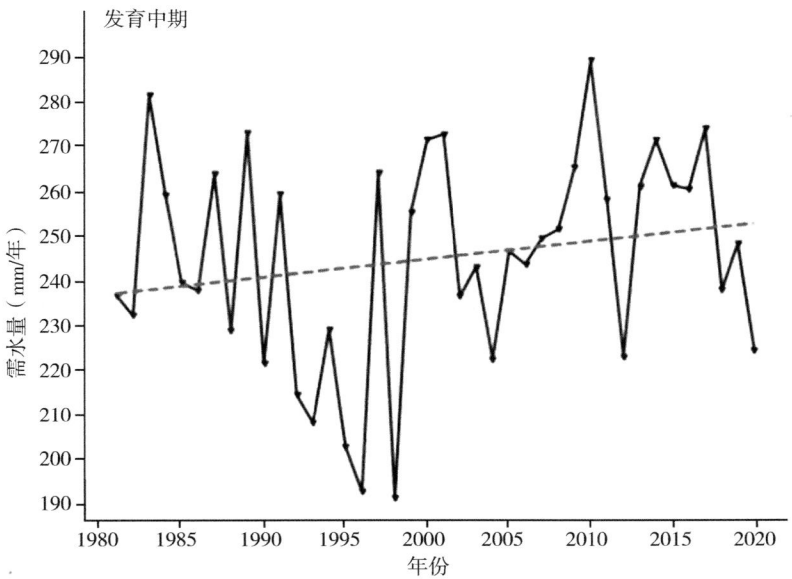

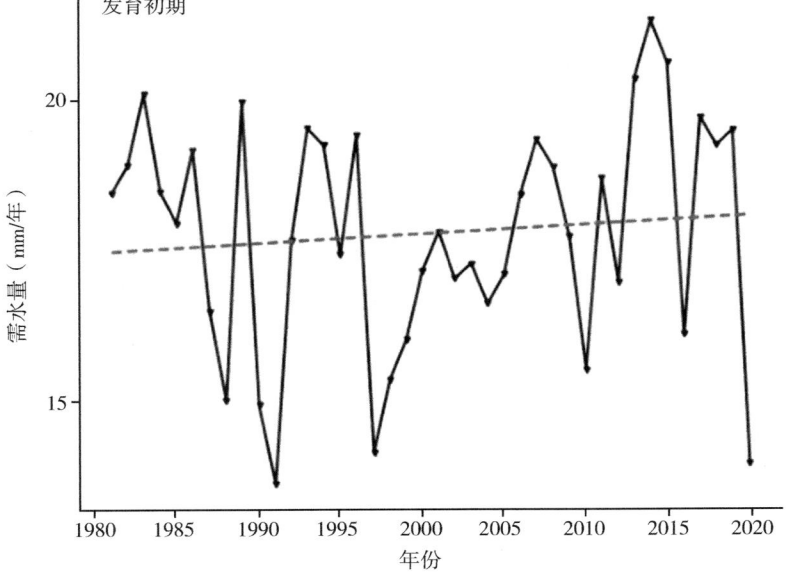

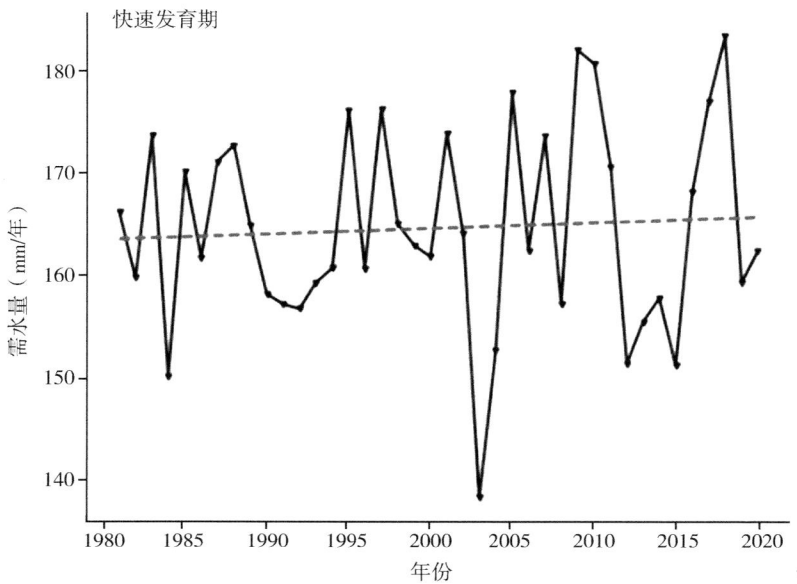
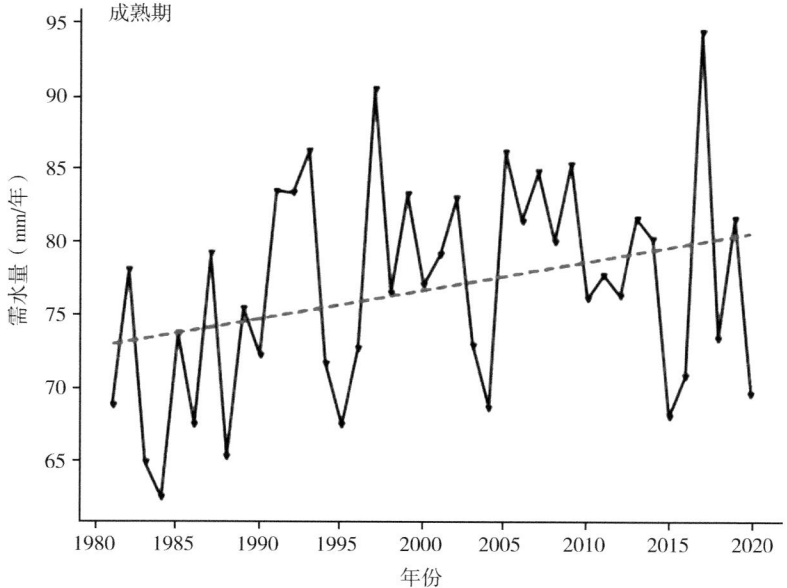

图 3-11　阴山北麓玉米各生长阶段需水量年际变化特征

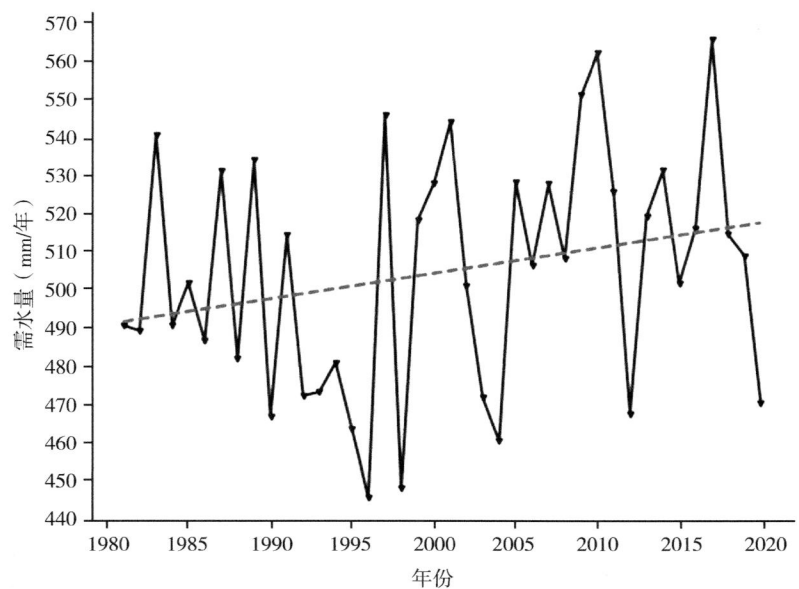

图 3-12 内蒙古阴山北麓玉米生长季需水量年际变化特征

270 mm，阴山北麓偏北部分地区为 270~370 mm；玉米成熟期需水量呈现中部偏北和西部偏高，中部偏南和东部偏低地区偏低，阴山北麓大部分地区为 55~75 mm。

（四）小麦降水量和需水量时空变化特征

1. 研究方法

根据内蒙古 1981—2020 年 119 个气象台（站）气候数据，包括降水、气温、光照等要素，进一步提取各类要素的历史气候资料数据，对小麦降水量和需水量时空变化特征进行分析。

2. 研究结果

（1）各种植区小麦不同生育期降水量年际变化

根据图 3-13 和表 3-11 分析小麦各种植区不同生育期的降水量年际变化可以发现：抽穗期至乳熟期、乳熟期至成熟期两个时期的降水量较多，出苗期至分蘖期降水量较少；出苗期至分蘖期、抽穗期至乳熟期及全生育期的降水量年际变化率为正，即 1981—2020 年的降水量呈增加的趋势；平均需水量呈增加的趋势，小于降水增加趋势；分蘖期至拔节期，出现了降水量减少的趋势，但整体幅度不大，种植区均小于0.1；阴山北麓有两个时期出现减小的趋势。

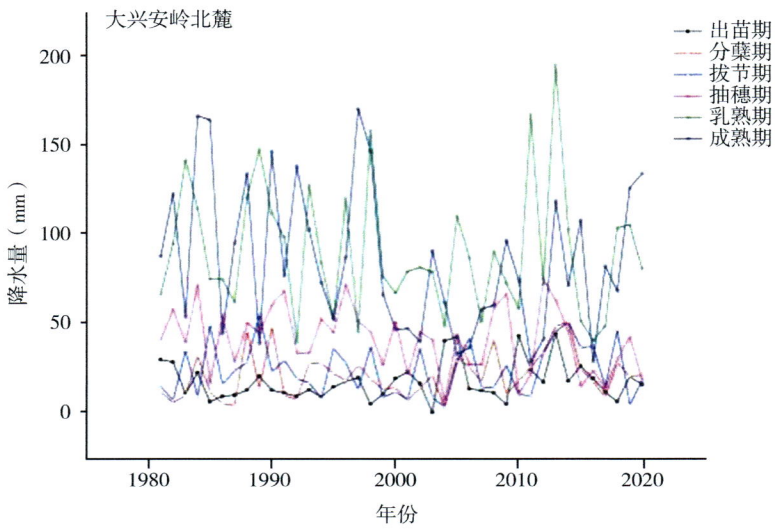

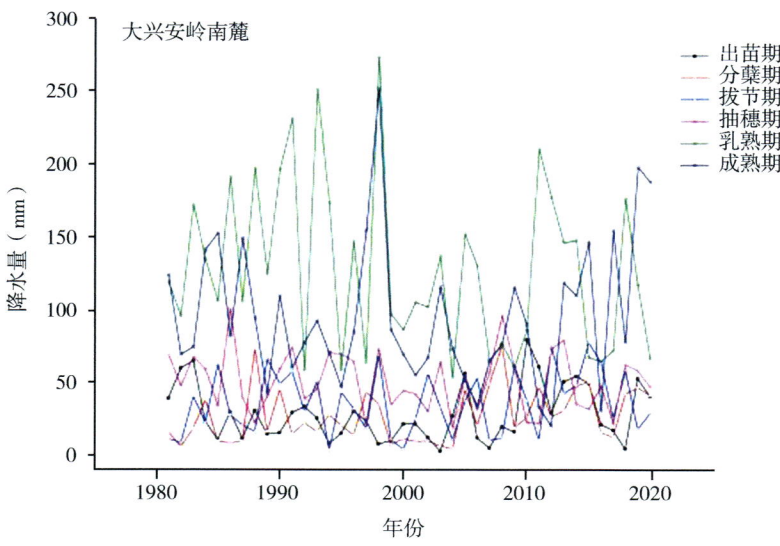

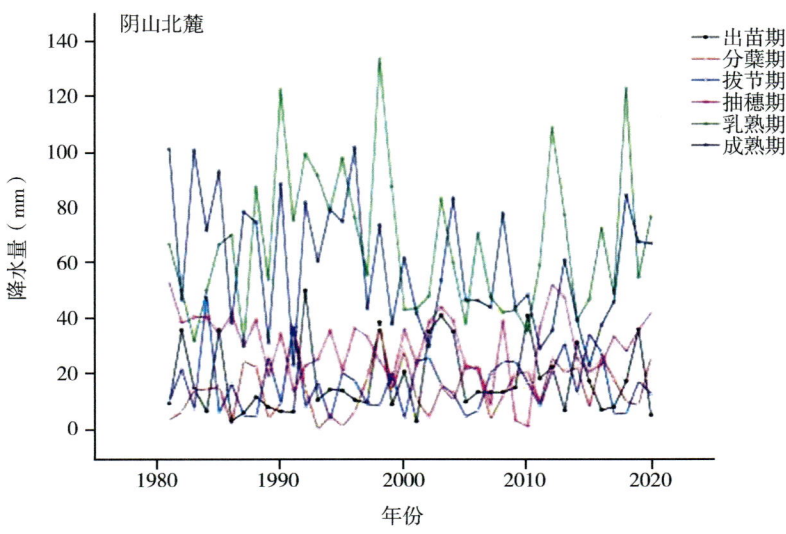

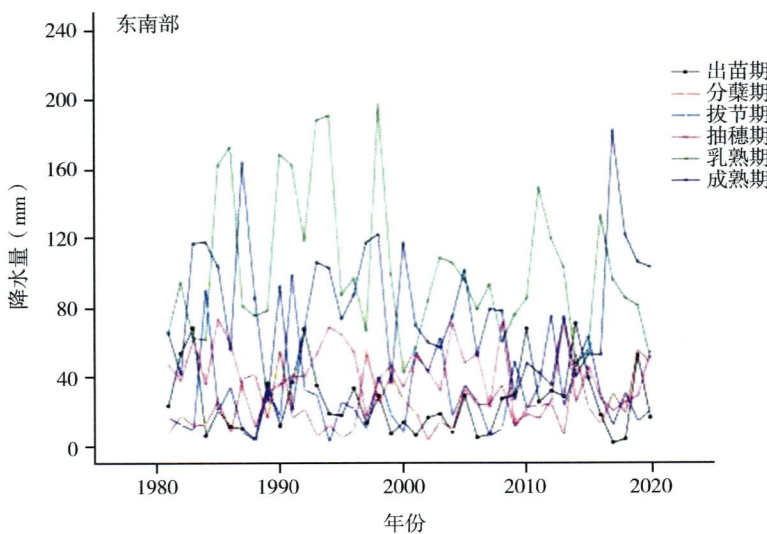

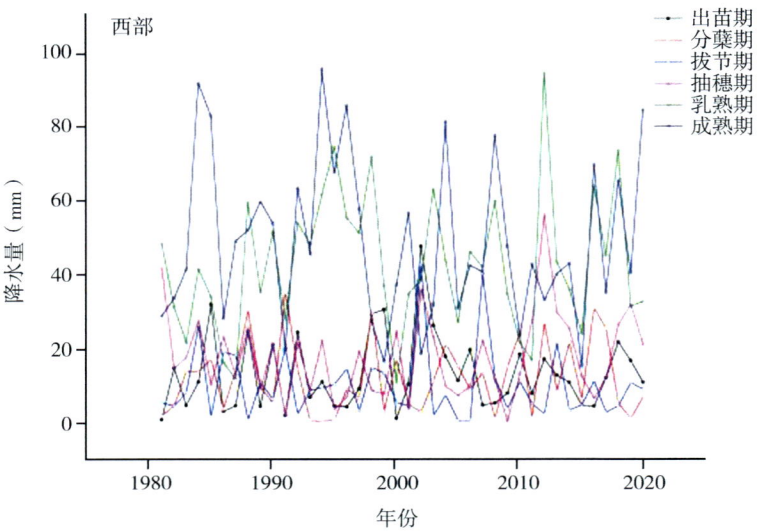

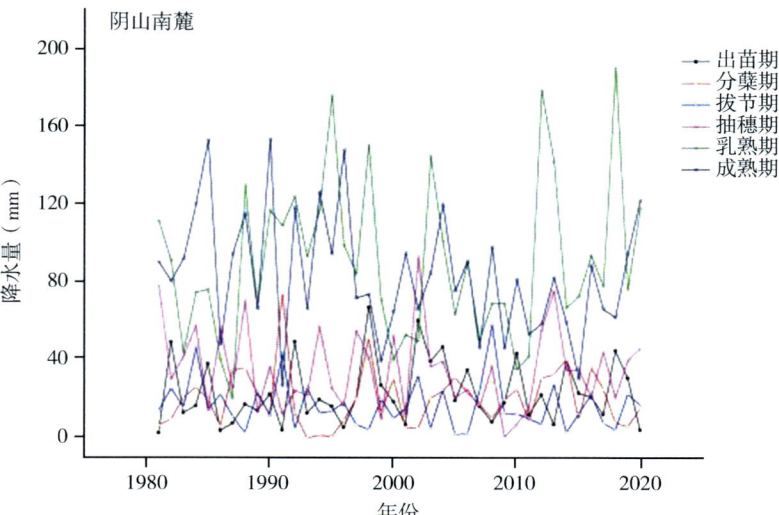

图 3-13 1981—2020 年小麦各种植区不同生育期降水量年际变化

表 3-11　各生育期不同种植区降水和平均需水量变化率

种植区域	出苗期	分蘖期	拔节期	抽穗期	乳熟期	成熟期	全生育期	平均需水量
阴山北麓	0.09	0.04	-0.07	-0.17	0.32	0.22	1.29	0.67

阴山北麓的平均生育期降水量年际波动更大，生育期平均降水量分布在 20~55 mm（图 3-14）。

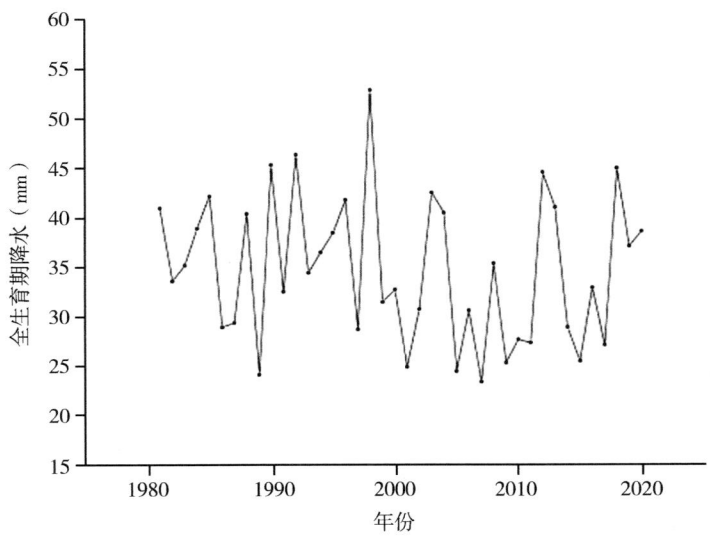

图 3-14　1981—2020 年阴山北麓小麦平均生育期降水量年际变化

（2）各种植区全生育期降水量年际变化

分析全生育期降水量年际变化可以发现（图 3-15）：阴山北麓全生育期降水量的分布范围分别在 125~400 mm 和 125~325 mm，阴山北麓全生育期降水量在 2000 年以后存在上升、波动下降再波动上升的趋势。

（3）各种植区各生育期平均需水量年际变化

分析各生育期平均需水量年际变化可以发现（图 3-16）：1989—1993 年和 1996—1999 年阴山北麓需水量波动比较剧烈，后续除 2004 年以外，其余年份平均需水量变化不大；需水量呈增加趋势为 0.67 mm/年。

（4）小麦各时期降水量空间分布特征

小麦各生育期降水量空间分布特征如下。

全生育期降水量在内蒙古自治区分布表现为由东北向西南递减；呼伦贝

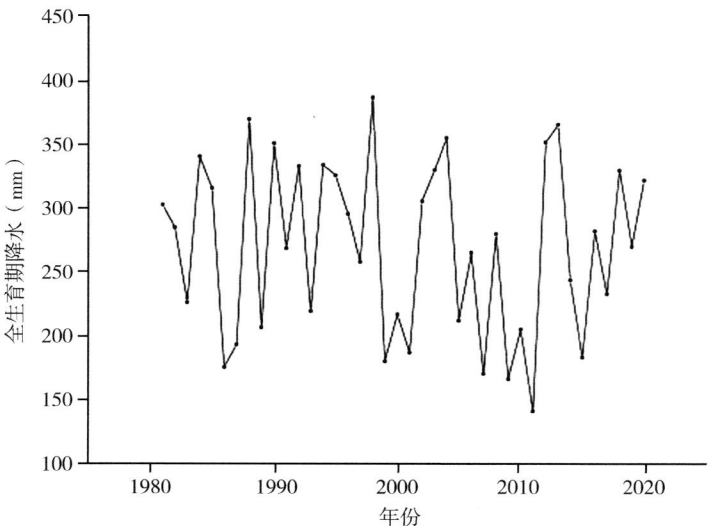

图 3-15　1981—2020 年阴山北麓小麦全生育期年平均降水量年际变化

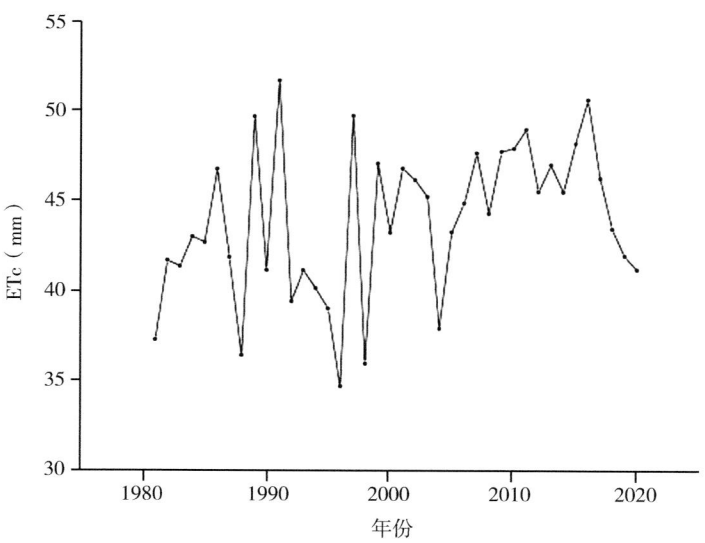

图 3-16　1981—2020 年阴山北麓小麦各生育期年平均需水量年际变化

尔东部、兴安盟几乎全部、通辽中部和东部、赤峰南部和东北部降水量大于

350 mm；呼伦贝尔中部、锡林郭勒东部和南部、通辽中部、赤峰中部、乌兰察布南部、呼和浩特大部以及鄂尔多斯东部地区降水量在 250~300 mm；呼伦贝尔西部、赤峰中部、乌兰察布市中部、呼和浩特北部和包头市南部、鄂尔多斯东部地区降水在 200~250 mm；锡林郭勒西北部、乌兰察布北部、包头市北部、巴彦淖尔东部和鄂尔多斯西部部分地区降水在 150~200 mm；锡林郭勒和鄂尔多斯西北角、巴彦淖尔西部、阿拉善东南降水在 100~150 mm；阿拉善大部和巴彦淖尔西部局部地区降水小于 100 mm。

播种期至出苗期降水分布范围在 0~40 mm，阿拉善大部、巴彦淖尔西部降水小于 10 mm，赤峰南部和通辽南部降水在 30~40 mm，呼伦贝尔西部、锡林郭勒盟西北大部、乌兰察布市北部、包头市大部、巴彦淖尔东部、鄂尔多斯西部、阿拉善东南部和呼和浩特西北小部分降水在 10~20 mm，其余地区降水范围在 20~30 mm。

出苗期至分蘖期降水范围较上一个时期没有变化，但不同分类等级的降水量分布有差别；降水在 30~40 mm 范围减小，分布在呼伦贝尔东部；降水小于 10 mm 的范围小幅增加，为阿拉善除东南小部、鄂尔多斯西北部、巴彦淖尔西部和锡林郭勒西北角；降水范围在 10~20 mm 明显向东南部拓展；呼伦贝尔中部、兴安盟、通辽、赤峰除西北角落、呼和浩特东南部、鄂尔多斯东部降水量在 20~30 mm。

分蘖期至拔节期的降水范围的变化较为明显，出现了降水量大于 40 mm 站点，在 30~40 mm 的范围分布明显扩大，为呼伦贝尔东部、兴安盟大部、通辽南部和北部、赤峰南部和东北部；20~30 mm 的降水分布明显减少，在呼伦贝尔中部、锡林郭勒东部、兴安盟西南和通辽中部、赤峰部分地区；降水小于 10 mm 的地区范围增加为阿拉善、鄂尔多斯中西部和巴盟西北部，其余地区降水在 10~20 mm。

拔节期至抽穗期的降水分布小于 10 mm 的仅分布在阿拉善西部地区；阿拉善东部、巴彦淖尔中西部和鄂尔多斯西部降水在 10~20 mm；巴盟东部、包头大部、乌兰察布北部和鄂尔多斯中部、锡林郭勒西北部降水在 20~30 mm；大于 40 mm 地区在呼伦贝尔大部分地区、兴安盟、通辽西北和锡林郭勒东侧和南部小部分、赤峰北部和南部地区，其余地区为 30~40 mm。

抽穗期至乳熟期整体降水量明显增加，仅阿拉善、巴彦淖尔西部和鄂尔多斯西北部及锡林郭勒西北个别站点降水量小于 40 mm；40~60 mm 分布在巴彦淖尔东部、鄂尔多斯中部、包头和乌兰察布北部、锡林郭勒西北部；沿着东北向西南走向分布着 60~80 mm 的降水带，为鄂尔多斯中部、包头南部、乌兰察布和锡林郭勒中部及呼伦贝尔西部；降水量大于 100 mm 的地区分布在呼伦贝尔东部、兴安盟大部、通辽北部和赤峰中部地区，其余地区为 80~100 mm。

乳熟期至成熟期相较于上一个时期降水量减小，大于 100 mm 的地区仅分布在呼伦贝尔东部；80~100 mm 分布在呼伦贝尔中部、兴安盟北部、通辽东南部和赤峰南部，以及乌兰察布西南部、呼和浩特大部和鄂尔多斯东部地区；40~60 mm 分布范围较上个时期在锡林郭勒明显增加；60~80 mm 增加范围更明显，在锡林郭勒东部、赤峰、通辽北部和兴安盟南部地区均有扩张，呼伦贝尔西部变化不明显。

（5）小麦不同生育期需水量空间分布

小麦各生育期需水量空间分布特征如下：①全生育期需水量呼伦贝尔北部最少，小于 250 mm；呼伦贝尔中部和西部、兴安盟北部、通辽西北角、赤峰西部、锡林郭勒东部和乌兰察布西南部需水量在 250~300 mm；呼伦贝尔西部小范围、兴安盟东部、通辽大部和赤峰东部、锡林郭勒中部、乌兰察布大部、呼和浩特和包头南部、鄂尔多斯东部需水量在 300~350 mm；锡林郭勒西北部、包头和乌兰察布北部、鄂尔多斯西部、巴盟中部和东部地区需水量在 350~400 mm；阿拉善和巴盟西部需水量大于 400 mm。②播种期至出苗期需水分布表现为西部大于东部的特征，阿拉善中西部需水量大于 50 mm；阿拉善大部、巴彦淖尔、鄂尔多斯东部、包头和乌兰察布北部，锡林郭勒西北部、通辽和兴安盟西南小部分地区、赤峰东侧小部分地区需水量在 40~50 mm；呼伦贝尔东北部和南部、兴安盟西北小部分地区需水在 20~30 mm，其余内蒙古大部分地区需水量在 30~40 mm。③出苗期至分蘖期需水量减少，除阿拉善中部小范围需水量在 40~50 mm，其余地区需水量在 20~40 mm；阿拉善大部分地区、巴彦淖尔、鄂尔多斯大部分地区、包头、乌兰察布北部、锡林郭勒西北、兴安盟南部、通辽大部和赤峰东南部需水量在 20~40 mm，其余地区需水量在 20~30 mm。④分蘖期至拔节期的需水量有明显增加，中西部地区的需水量范围和程度有明显的扩大，阿拉善、巴盟和鄂尔多斯西北部、锡林郭勒西北部及包头北部小范围地区需水量大于 80 mm；巴彦淖尔和鄂尔多斯东南部、包头大部、呼和浩特西部、乌兰察布北部和锡林郭勒北部地区需水量在 70~80 mm；呼伦贝尔大部地区需水量大于 50 mm，其余地区需水范围在 60~70 mm。⑤拔节期至抽穗期需水量整体增加，但分布地理特征较上一个时期变化不大，需水量最大的取值区间变为大于 100 mm，较上个时期巴彦淖尔和鄂尔多斯东南部等地区范围为 90~

100 mm；呼伦贝尔北部地区需水量最少，小于 70 mm；呼伦贝尔中部、兴安盟西北、锡林郭勒东部、通辽北侧小部、赤峰西部和乌兰察布西南小部分地区需水量在 70~80 mm，其余地区需水量范围在 80~90 mm。⑥抽穗期至乳熟期整体需水量明显下滑，仅在阿拉善东部和中部地区需水量大于 70 mm；阿拉善东部、巴彦淖尔和鄂尔多斯西北部以及锡林郭勒西北部和包头北部小范围需水量在 60~70 mm；巴彦淖尔和鄂尔多斯东部、包头市大部、乌兰察布北部、呼和浩特北部小范围、锡林郭勒中部和呼伦贝尔西部小范围需水量在 50~60 mm；除呼伦贝尔北部需水量小于 40 mm 以外，其余地区需水量在 40~50 mm。⑦乳熟期至成熟期相较于上一个时期需水量减小，大于 70 mm 的地区仅分布在阿拉善西部；阿拉善东部和巴彦淖尔西北部需水量在 60~70 mm；巴彦淖尔东部和中部、鄂尔多斯西部、包头和乌兰察布北部、锡林郭勒西北部需水量在 50~60 mm；呼伦贝尔大部地区需水量小于 40 mm，其余地区需水量在 40~50 mm。

三、小结

（一）马铃薯生育期水资源赋存演变规律

第一，内蒙古地区马铃薯全生育期及各生育阶段降水量空间分布特征基本呈现由西到东递增的分布；中西部偏北地区为降水量的低值区，东部区及中西部偏南部分地区为降水量的高值区，其余大部地区为中值区。阴山北麓区全生育期及各生育阶段降水量除播种期至出苗期总体呈波动增加趋势，其余发育期及整个生长季总体呈波动减少趋势。马铃薯生长季降水量的波动减少趋势为 0.334 4 mm/年；播种期至出苗期降水量的波动增加趋势为 0.311 5 mm/年；分支期至开花期降水量的波动减少趋势为 0.308 1 mm/年；开花期至可收期降水量的波动减少趋势为 0.278 2 mm/年。

第二，内蒙古地区马铃薯全生育期及各生育阶段需水量空间分布特征与相应的降水量的空间分布特征基本呈相反趋势，即呈现由西到东递减的分布；阴山北麓区整体上呈现中间高、两端低的分布特点，需水量的低值区包括达茂旗偏西、正蓝旗偏南、正白旗南部、西乌旗东北部及东乌旗偏东，高值区主要分布在阴山北麓中段偏北地区，其余为中值区。比较马铃薯各生育阶段需水量看出，全区及阴山北麓区均为开花期至可收期需水量最大，出苗期至分支期需水量最小。

第三，内蒙古地区马铃薯全生育期水分亏缺量的空间分布特征与需水量分布一致，即需水量大的地区表现出亏缺水量多的明显特征；马铃薯各发育阶段需水量最多的时期，也是缺水量最多的时期，即开花期至可收期；需水量最少的出苗期至分支期，主要农区（东部大部及中西部偏南地区）降水可以满足马铃薯需水要求。阴山北麓中段大部地区开花期至可收期缺水量最高，需水量最少的出苗期至分支期，武川偏南、正白旗偏南、正蓝旗南部及阴山北麓东段偏东地区降水可以满足马铃薯需水要求。

第四，内蒙古地区马铃薯全生育期内降水量、水分亏缺量的年际变化波动较大，需水量的年际间差异相对较小；水分亏缺量与需水量呈正相关，需水量多的年份也是缺水量多的年份，反之需水量少时对应的年份缺水量也少。阴山北麓区的水资源年际变化规律与全区的基本一致。

第五，如果不考虑灌溉条件，阴山北麓区马铃薯在各个生育阶段的降水都不能满足需水要求；该区域的马铃薯分支期至开花期的水分亏缺程度最严重，降水满足率最低。在有条件地区适时适量灌溉，有利于马铃薯高产稳产。

（二）燕麦生育期水资源赋存演变规律

结合内蒙古的气候条件，采用 FAO（1998）推荐的作物系数值，对燕麦全生育期及各个生育阶段的作物系数值进行划分，由于缺少作物系数试验数据，未对结果进行验证，此不足有待于进一步改进。通过分析内蒙古燕麦全生育期及不同生育阶段的降水量和需水量的空间分布特征，对比两者的分布规律可以看出，降水量低值区即需水量高值区，说明该区域水分亏缺比较严重。利用了 40 年的气象数据和生育期资料分析了燕麦降水量的变化趋势，从全区平均来看降水量大多呈下降趋势，需水量东部地区多呈上升趋势。

（三）玉米生育期水资源赋存演变规律

从 40 年玉米生育期平均年降水分布可知，降水分布呈现由西向东递增的趋势，西部地区生育期降水量低于 150 mm；阴山北麓、阴山南部及西部偏西地区降水量在 150~300 mm；阴山南部的中部偏中地区、东南部地区及东北部中部地区的降水量在 300~400 mm；东部偏东地区的降水量在 400~466 mm。整体来看东部地区降水能够较好地满足玉米生长所需水分，西部地区降水基本无法满足玉米生长所需水分。从年变化区域上看，在生长季降水从东北部到西部降水趋势由下降到上升，西部区域降水在逐渐增加，东部地区降水在逐渐减少。

从 40 年玉米生育期平均年需水量分布可知，降水分布呈现由西向东递减的趋势，西部地区生育期玉米需水量在 600~1 119 mm；阴山北麓、阴山南麓及东部偏南地区玉米需水量在 400~600 mm。与降水相比，仅东部偏北地区降水能够较好地满足玉米生长，东部偏南地区能够部分满足玉米生长，阴山北麓和阴山南麓降水不能满足玉米生长所需水分。

（四）小麦生育期水资源赋存演变规律

从 40 年小麦生育期平均年降水分布可知，全区 6 个种植区抽穗期至乳熟期、乳熟期至成熟期两个时期的降水量较多，出苗期至分蘖期降水量较少。播种期至出苗期降水分布范围在 0~40 mm；分蘖期至拔节期的降水范围在变化较为明显，出现了降水量大于 40 mm 站点，分布在 30~40 mm 的明显增加，分布在 20~30 mm 的明显减少；拔节期至抽穗期的降水分布小于 10 mm 明显减小；抽穗期至乳熟期整体降水量明显整体增加，仅在阿拉善盟、巴彦淖尔市西部和鄂尔多斯市西北部及锡林郭勒盟西北个别站点降水量小于 40 mm；乳熟期至成熟期相较于上一个时期降水量减小，大于 100 mm 地区分布在呼伦贝尔东部；全生育期降水量在内蒙古自治区分布表现为由东北向西南递减。

从 40 年小麦生育期平均年需水量分布可知，播种期至出苗期需水分布表现为西部大于东部的特征；出苗期至分蘖期需水量减少；分蘖期至拔节期的需水量有明显增加，中西部地区的需水量范围和程度有明显的扩大；拔节期至抽穗期需水量整体增加，但分布地理特征较上一个时期变化不大，最大区间变为大于 100 mm；抽穗期至乳熟期整体需水量明显下滑；乳熟期至成熟期相较于上一个时期需水量减小；全生育期需水量从东北向西南需水量逐渐增加。

第四章 阴山北麓适水性作物筛选与作物优化布局研究

第一节 研究内容

针对阴山北麓农牧交错区气候干暖化背景下抗旱作物及品种严重缺乏和作物布局不合理等问题，选择马铃薯、燕麦等作物作为研究对象，研究不同作物及品种的耗水特征，并评价其抗旱性。基于区域水资源承载力和赋存演变规律，结合不同作物及品种的耗水特征，研究提出区域作物优化布局方案。

第二节 研究结果

一、阴山北麓主要粮食作物需水量和耗水量

阴山北麓地区主要作物需水量由低到高分别为：莜麦（515 mm）、马铃薯（549 mm）、油菜（578 mm）、油葵（583 mm）、玉米（598 mm）和食葵（599 mm）；雨养耗水量由低到高分别为：马铃薯（230 mm）、油菜（233 mm）、莜麦（238 mm）、食葵（247 mm）、油葵（253 mm）和玉米（271 mm）（图4-1）。

二、阴山北麓主要粮食作物生长季水热条件年际变化规律

阴山北麓典型站点武川县1981—2015年作物生长季（4—9月）降水呈轻微上升的趋势，但未达到显著水平（$P>0.05$），降水多年平均值和变异分别为305 mm和23.4%。作物生长季辐射多年平均为3 859 MJ/m^2，且近些年有极显著减少的趋势（$P<0.01$）。当地气候变暖现象明显，作物生长季平均温度逐年上升，已达到极显著水平（$P<0.01$），作物生长季多年平均温度

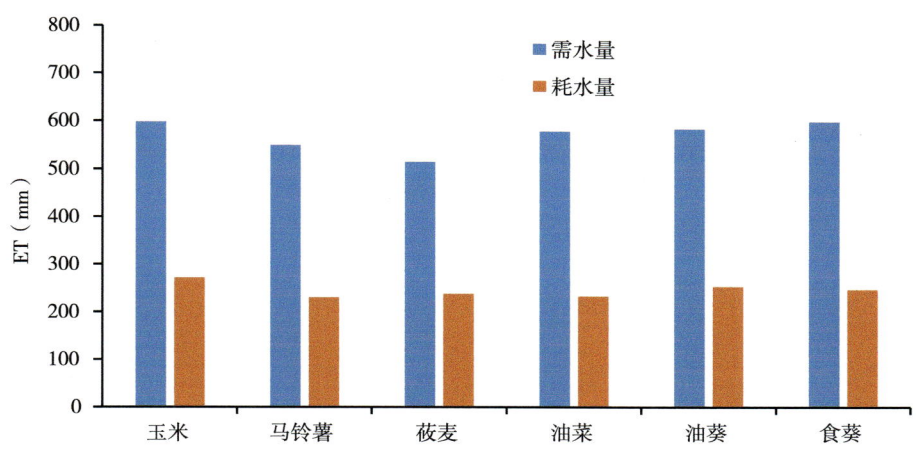

图 4-1　不同粮食作物的需水量和耗水量

为 13.9℃（图 4-2）。

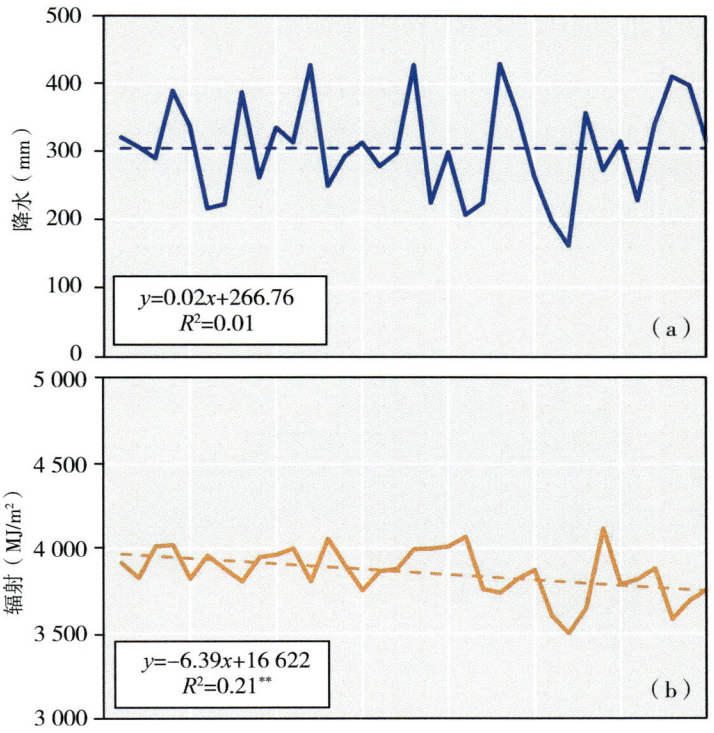

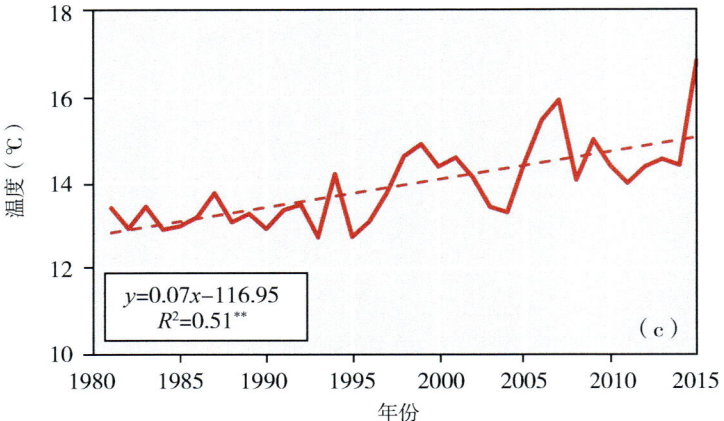

图 4-2 阴山北麓地区典型站点 1981—2015 年作物生长季（4—9 月）光温水变化趋势

三、阴山北麓主要粮食作物生育期需水、耗水特征

图 4-3 总结了内蒙古武川县雨养马铃薯、油菜和莜麦生育期内需水和耗水特征，雨养油菜生育期需水量和耗水量分别为 598 mm 和 257 mm；马铃薯的耗水量最少为 241 mm，雨养马铃薯全生育期需水量为 577 mm；雨养莜麦的需水量和耗水量分别为 575 mm 和 285 mm。

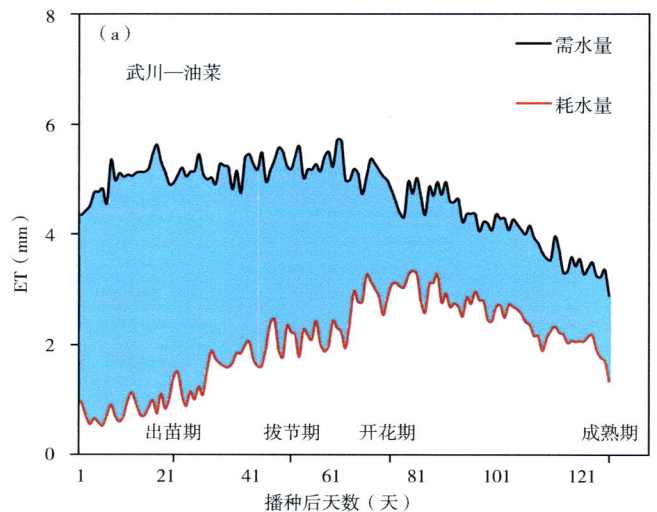

第四章 阴山北麓适水性作物筛选与作物优化布局研究

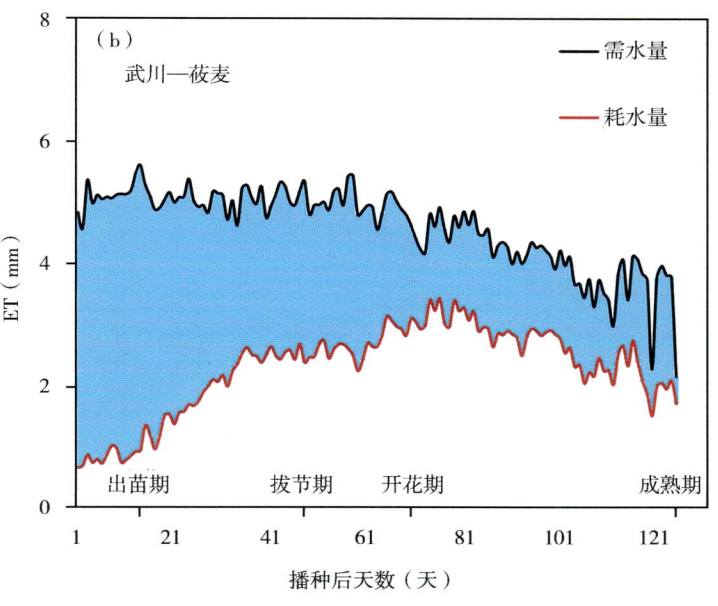

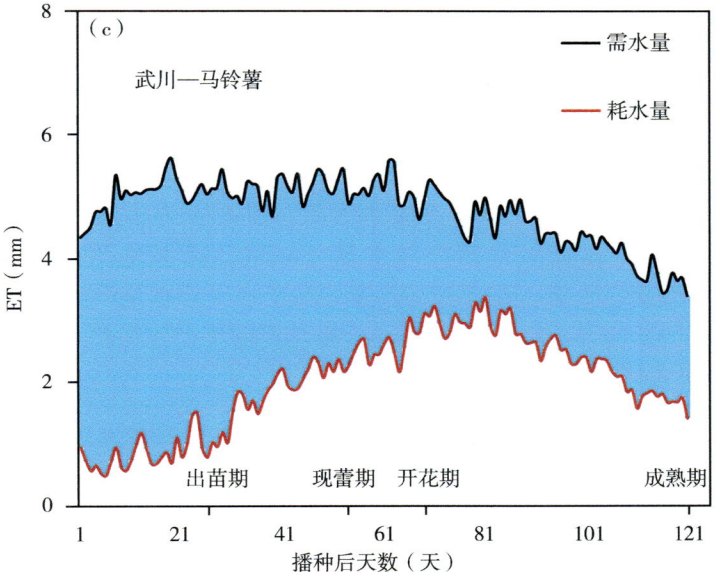

图 4-3 阴山北麓地区典型站点不同作物的需水和耗水特征曲线

不同作物雨养条件下全生育期的水分胁迫程度不同和最严重的时期不同（图4-4），马铃薯全生育期平均水分胁迫系数为0.86，在现蕾期至开花期水分胁迫最严重。雨养莜麦营养生长阶段水分胁迫最严重，全生育期平均值为0.76。油菜全生育期平均水分胁迫系数为0.79，较严重的水分胁迫主要发生在生殖生长阶段。

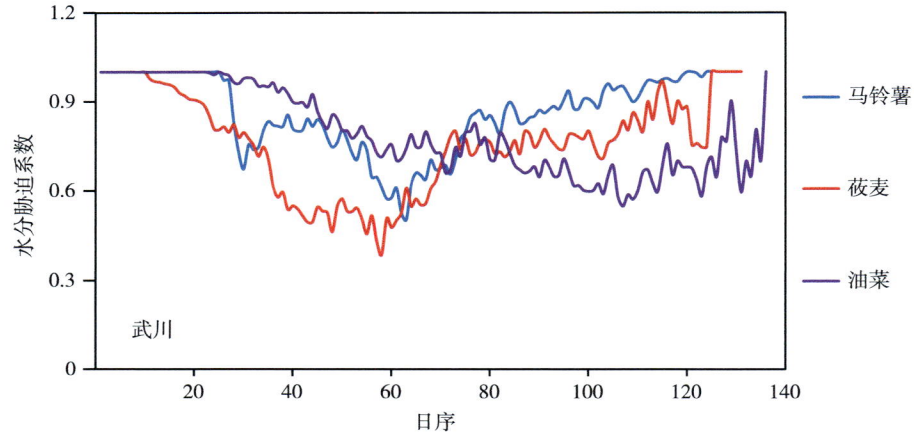

图4-4 阴山北麓地区典型站点不同作物生育期水分胁迫分析

四、阴山北麓主要粮食作物不同年型耗水特征

表4-1为不同作物不同年型耗水情况，图4-5为不同年型下小麦、莜麦和马铃薯3种作物生育期内降水量（mm）、耗水量（mm）以及单产（kg/hm²）情况。小麦、莜麦和马铃薯均在丰水年耗水量最高，分别达到了322.2 mm、329.7 mm和329.7 mm。在平均不同年型作物耗水量后，马铃薯耗水量最高，莜麦次之，小麦最低。

表4-1 3种作物不同年型耗水量以及多年平均耗水量

年型	小麦耗水量（mm）	莜麦耗水量（mm）	马铃薯耗水量（mm）
丰水年	322.2	329.7	329.7
偏丰水年	253.3	284.7	325.2
正常年	234.0	256.4	240.8
偏欠水年	173.4	207.3	211.2

(续表)

年型	小麦耗水量（mm）	莜麦耗水量（mm）	马铃薯耗水量（mm）
欠水年	150.2	164.8	166.0
平均	220.8	244.1	249.9

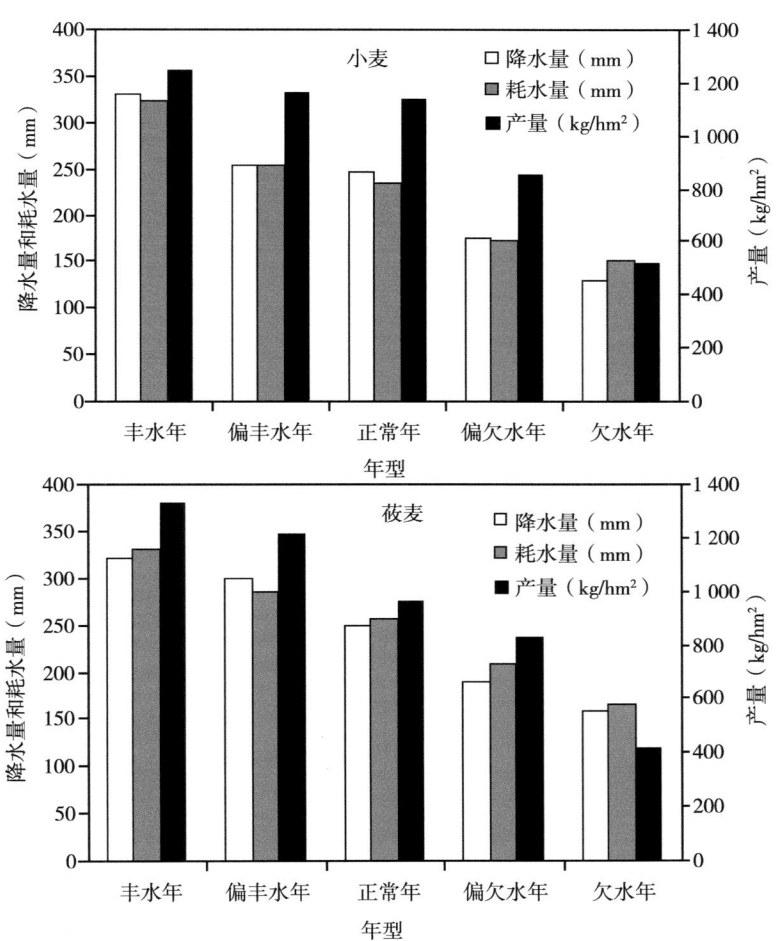

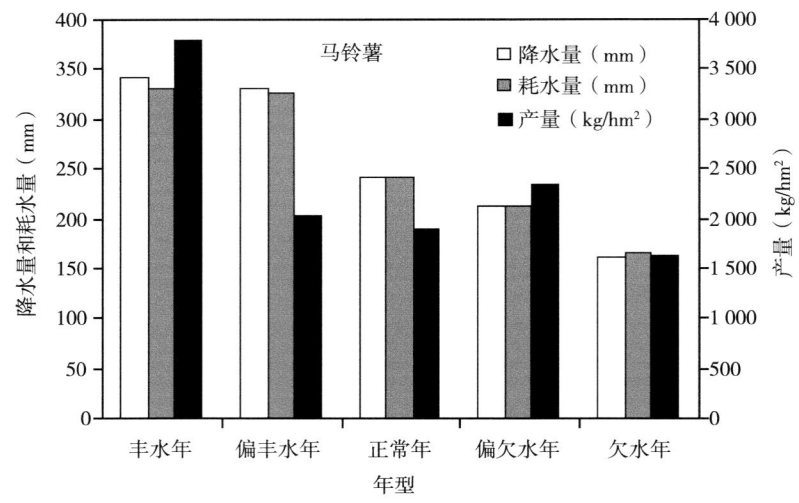

图 4-5 不同年型下各作物生育期内降水量、耗水量以及单产

在阴山北麓地区，3 种作物生育期不同，小麦生育期从 4 月中旬至 8 月中旬；莜麦生育期从 5 月中下旬至 8 月中下旬；马铃薯生育期从 5 月下旬至 9 月中下旬。武川县降水量主要集中在 5—9 月，所以马铃薯生育期内降水量最高，其次是莜麦，小麦生育期内降水量最低。小麦在欠水年中生育期耗水量大于降水量，表明在欠水年的降水量无法满足小麦耗水需求，而其他年型的降水量都能满足小麦耗水需求。莜麦除偏丰水年外所有年型的生育期耗水量都要大于同期降水量，表明莜麦生育期内降水量不能满足其耗水需求，降水与需水不匹配。马铃薯的生育期降水量与耗水量基本持平，即生育期降水量基本能满足马铃薯的耗水需求。马铃薯在内蒙古武川地区需水与降水量匹配效果好，适应性较强，能够较好地利用水分。

上述分析表明，小麦、马铃薯、莜麦在同一年型中耗水量存在一定差异，马铃薯最高，莜麦其次，均明显多于小麦。马铃薯的需水期与当地的水热条件基本吻合，产量相对较高，在当地得到广泛种植。而小麦和莜麦的需水情况与当地的降水情况吻合程度不高，并且莜麦的耗水量相对来说比较大，种植面积有下降趋势。因此，根据作物的实际耗水状况、单产及当地的实际降水条件进行对比，可以合理调整不同作物的种植面积，以达到在现有的气象条件下获得高产以及最大的经济效益与生态效益。

五、阴山北麓主要粮食作物耗水与气温、降水的关系

降水与温度是影响土壤含水量以致影响作物耗水量的主要气象因子。对 3 种作物的耗水量与降水量、积温（其中，小麦计算为≥0℃活动积温，莜麦和马铃薯计算为≥10℃活动积温）和单产进行相关分析。从图 4-6 中可以看出，3 种作物的耗水量都与降水量呈正相关关系，达到极显著水平（$P<0.01$），说明随着降水量的减少，3 种作物的耗水量也明显减小。莜麦减少趋势明显，每减少 10 mm 降水量，莜麦耗水量减小 11.8 mm。耗水量与活动积温呈负相关关系，相关性较降水量差，莜麦和马铃薯达到极显著水平（$P<0.01$），小麦达到显著水平（$P<0.05$）。3 种作物耗水量与产量呈正相关关系，小麦达到极显著水平（$P<0.01$），莜麦达到显著水平（$P<0.05$），马铃薯没有达到显著水平。单因子线性拟合可以得出单一要素对作物耗水量的影响程度，但没有考虑因子之间的交互作用，为进一步分析积温与降水量对小麦、莜麦、马铃薯 3 种作物的生育期耗水量的综合影响，进行多元回归分析，得出结果如下：小麦、莜麦和马铃薯生育期耗水量（Y）与积温（X_1）、降水量（X_2）之间的回归关系式分别为：$Y=0.047X_1+0.782X_2-139.832$（$R^2=0.842$）、$Y=-0.007X_1+0.672X_2+58.668$（$R^2=0.807$）和 $Y=-0.075X_1+0.606X_2+226.423$（$R^2=0.589$），回归效果均达到 0.05 的显著性水平（图 4-6）。

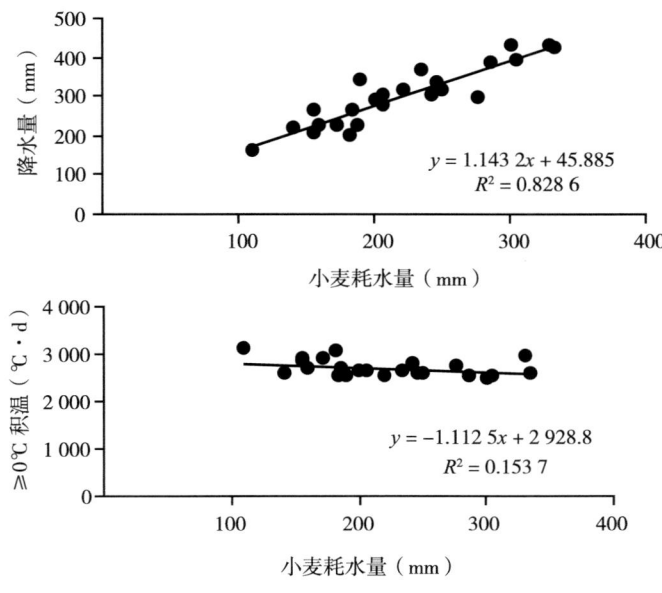

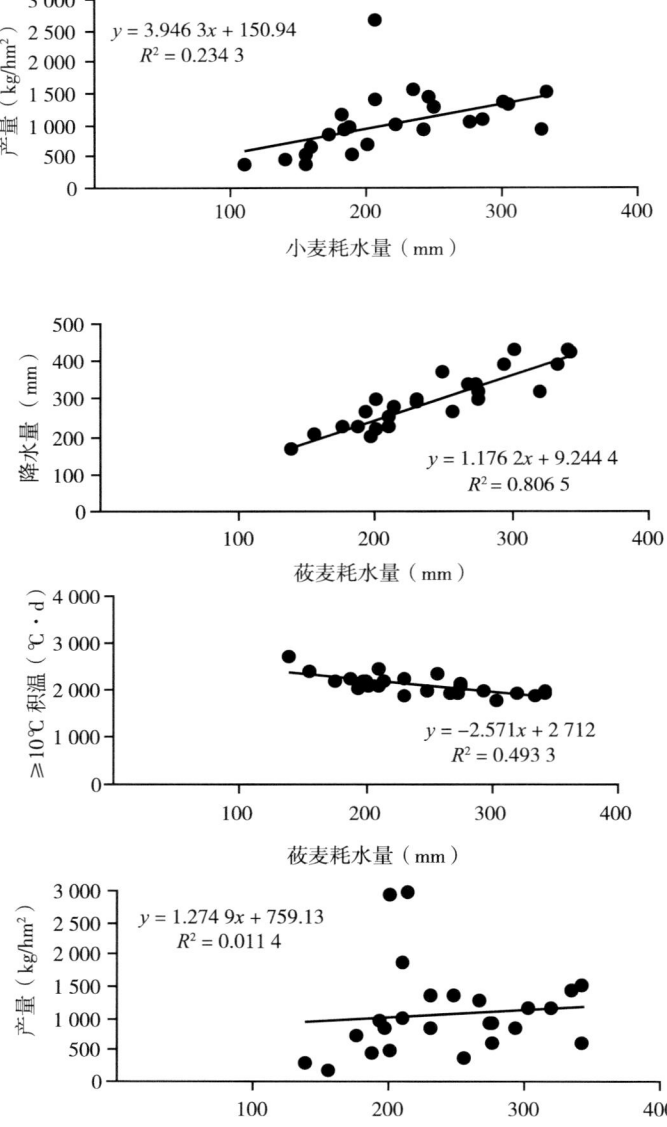

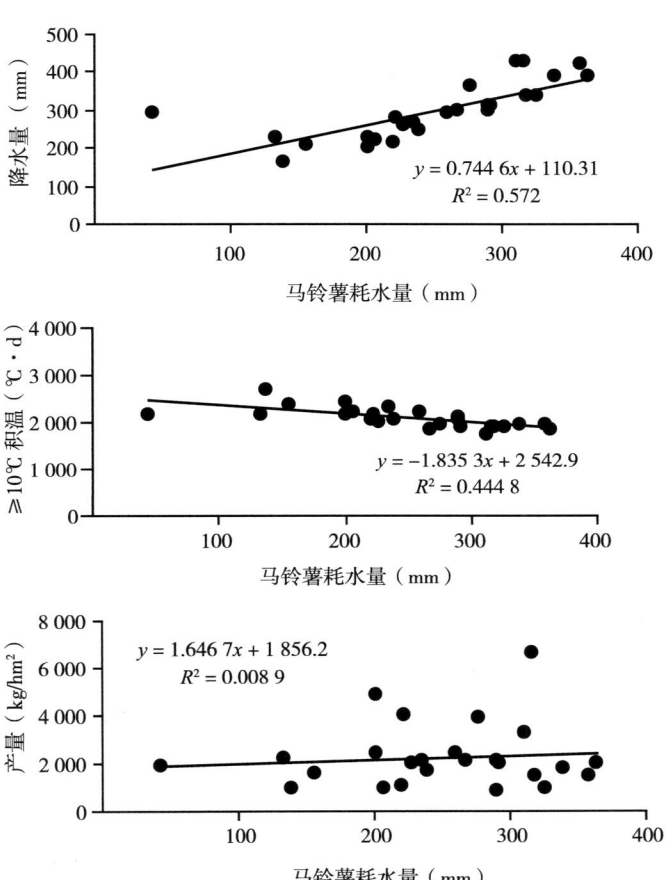

图 4-6 不同作物生育期耗水量与降水量、
活动积温、单产的相关关系

从以上 3 种作物生育期积温、降水量与耗水量的关系可以看出，积温对作物耗水量的影响不大。小麦、莜麦和马铃薯生育期的积温与耗水量都呈负相关关系；而生育期降水量与耗水量都为正相关关系。因此在当前温度升高、降水减少的气候背景下对北方农牧交错带作物生产不利，培育抗旱品种和发展抗旱栽培管理措施是适应气候变化的重要措施。

六、阴山北麓主要粮食作物抗旱品种筛选及布局优化

(一) 马铃薯抗旱品种鉴选

在旱作条件下,马铃薯品种克新1号和康尼贝克较其他品种抗旱性表现较强,具有良好的植株形态、较高的光合生产力、能够降低干旱环境对其造成的生理胁迫,保证干旱环境条件下产量稳定,其产量和水分利用效率较常规品种(费乌瑞它)提高 26.26%~44.17% 和 14.26~32.53 kg/($hm^2 \cdot mm$),尤其克新一号的抗旱等级为1级,各项指标都证明克新1号和康尼贝克两个品种可以作为旱作区抗旱品种大面积应用。

1. 研究内容

试验于 2019 年和 2020 年在武川旱作试验站东侧旱地安排布置,选择费乌瑞它、克新1号、铃田99、陇薯8号、荷兰15、康尼贝壳和早大白共9个品种进行试验,机械化条播,小区面积为 100 m^2(4 m×25 m),设置灌水和不灌水2个处理,灌溉方式为滴灌,施肥量:N、P_2O_5、K_2O 分别为 10 kg/亩、8 kg/亩、6 kg/亩,肥料作为种肥一次性施入。在苗期、块茎形成期、块茎膨大期、淀粉积累期和成熟期测定株高、单株叶面积、干物质量并取样品。在块茎膨大期和淀粉积累期测定植株叶片丙二醛(MDA)、过氧化物酶活性(POD)、叶绿素、超氧化物歧化酶活性(SOD)、电导率和游离脯氨酸含量(Pro),在马铃薯现蕾期测定倒4叶光合性能。并与成熟期进行小区测产,播前、收获后测定 0~100 cm 土壤水分含量。

2. 研究结果

(1) 不同生育期各品种主要农艺性状差异

2019 年试验结果表明(表 4-2),不同马铃薯品种苗期株高高低顺序为荷兰 15>铃田 99>早大白>费乌瑞它>康尼贝克>铃田红彩>克新1号。单株干重高低顺序为康尼贝克>克新1号>费乌瑞它>铃田红彩>荷兰 15>早大白>铃田 99。单株叶面积大小顺序为康尼贝克>克新1号>铃田红彩>早大白>荷兰 15>费乌瑞它>铃田 99。康尼贝克和克新1号两个品种的单株干物质重和单株叶面积均表现较高,而铃田 99 较低,说明在旱作条件下,康尼贝克和克新1号两个品种具有较强的干物质积累能力,具有形成较高产量的潜力,而铃田 99 则表现相反。

表 4-2　不同品种苗期株高、单株干重和单株叶面积比较（2019 年）

品种	株高（cm）	单株干重（g）	单株叶面积（cm²）
费乌瑞它	20.40	5.17	391.58
克新 1 号	15.60	8.59	905.52
荷兰 15	22.63	4.76	393.78
铃田红彩	18.25	5.03	548.72
康尼贝克	18.80	15.15	1 238.66
铃田 99	22.30	2.78	294.10
早大白	21.88	4.45	462.12

2020 年试验数据如图 4-7 所示，株高、单株叶面积、单株干物质量均呈"S"形增长趋势。不同马铃薯品种株高顺序为陇薯 8 号>民薯 2 号>克新 1 号>费乌瑞它>铃田红彩。马铃薯株高在苗期至块茎形成期呈快速增长，块茎形成期至块茎膨大期增长速度减缓，块茎膨大期至淀粉积累期快速增长，

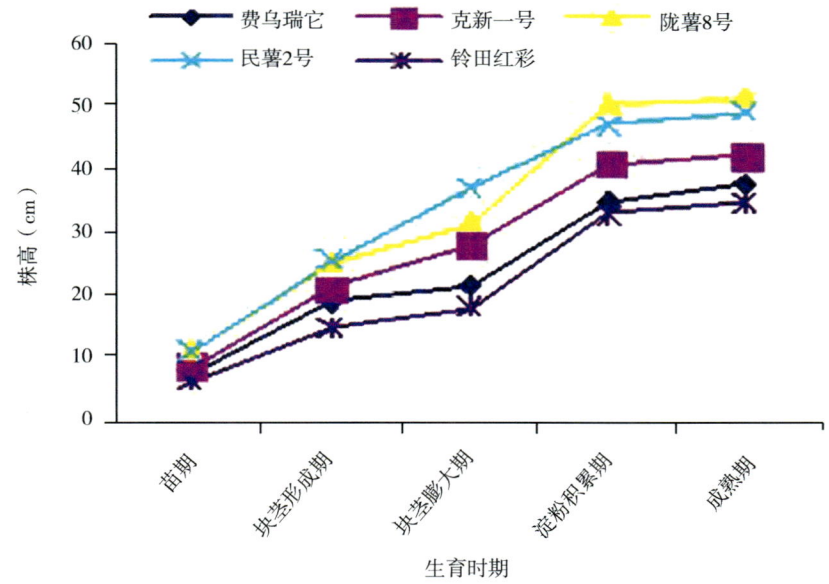

不同马铃薯品种全生育期株高变化情况

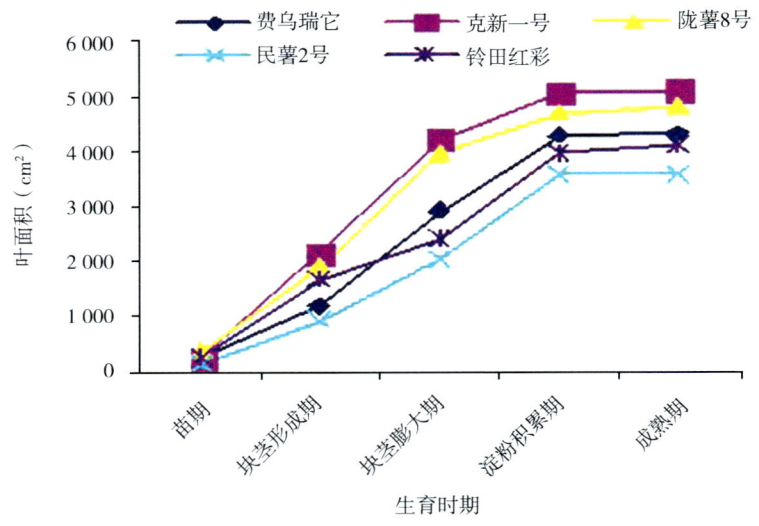

不同马铃薯品种全生育期叶面积变化情况

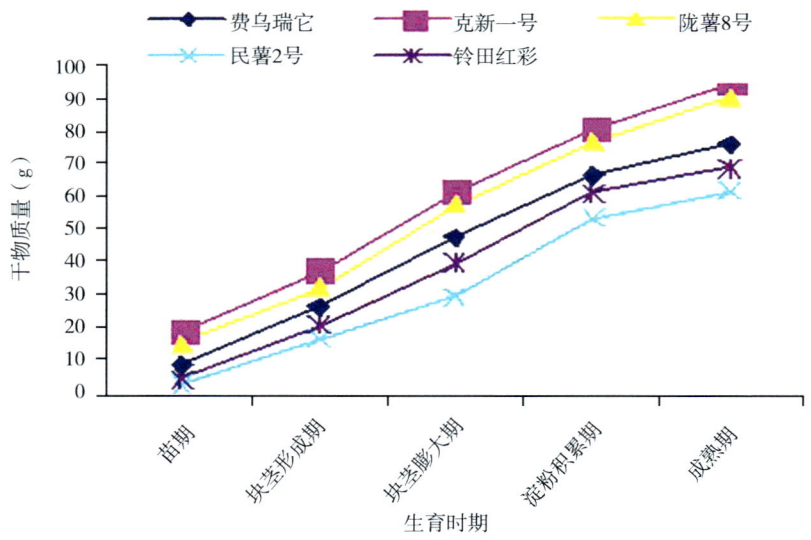

不同马铃薯品种全生育期植株干物质积累情况

图 4-7　不同马铃薯品种形态指标变化情况

淀粉积累期至成熟期趋于平缓。单株干物质积累量高低顺序为克新1号>陇薯8号>费乌瑞它>铃田红彩>民薯2号。单株叶面积大小顺序为克新1号>陇薯8号>费乌瑞它>铃田红彩>民薯2号。马铃薯叶面积在淀粉积累后期至成熟略有下降，主要由于部分老叶片的脱落造成。克新1号和陇薯8号两个品种的单株干物质重量和单株叶面积均表现较高，而民薯2号和铃田红彩均较低，说明在无灌溉条件下，克新1号和陇薯8号两个品种具有较强的干物质积累能力，具有形成较高产量的潜力，而民薯2号和铃田红彩表现相反。

前人在苜蓿叶片与抗旱性关联性的研究中指出，植株叶片是植物进行光合作用与蒸腾作用的主要器官，植株叶片的相关特征信息尤其是叶面积常被作为衡量植物生长发育和生理特性的主要观测指标。叶片面积可以作为衡量不同苜蓿品种抗旱性强弱的一个较为直观的辅助性指标。从本研究监测的农艺性状结果看隶尼贝克和克新1号两个品种的抗旱性较强。

（2）不同品种抗旱生理特性比较

叶绿素作为光合色素中重要的色素分子，参与捕光色素复合体的形成，光能传递和反应中心的形成，从而完成光能的转化和碳水化合物的形成，在光合作用中起着非常重要的作用。在一定范围内，叶绿素含量的变化可以间接反映出产量的高低。叶绿素b（Chlb）没有光化学活性，主要参与光能的收集、传递，并不直接参加光合作用；而叶绿素a（Chla）具有光化学活性，既是光能的捕捉器，又是光能的转换器，直接参与光合作用；Chla/Chlb比值越大表明叶片光合作用能力越强。近些年有关叶绿素与植物抗逆性的报道较多，据张武研究干旱地区马铃薯叶片中Chlb/Chla比值与品种抗旱性呈极显著正相关。从2019年得到的试验数据来看（表4-3），不同马铃薯品种叶绿素总含量大小为康尼贝克>克新1号>铃田红彩>早大白>费乌瑞它>荷兰15>铃田99，其Chla/Chlb比值大小顺序与叶绿素总含量大小顺序一致。而且不同马铃薯品种叶绿素含量的高低顺序也与叶面积、干物质量积累大小顺序基本一致。结合上述不同马铃薯品种农艺性状比较结果，认为康尼贝克和克新1号植株叶片光合能力较其他品种强，具有较高的增产潜力。另外，康尼贝克与克新1号的叶绿素总量比值较其他品种高，说明这两个品种在该试验条件下的抗旱能力强于其他品种。

表 4-3 不同品种苗期叶绿素含量和丙二醛含量差异比较（2019 年）

品种	Chla（mg/L）	Chlb（mg/L）	Chl（a+b）	Chla/Chlb	丙二醛含量（nmol/g）
费乌瑞它	16.92	5.06	21.98	3.35	28.65
克新 1 号	18.63	4.92	23.56	3.78	26.06
荷兰 15	16.78	4.95	21.73	3.39	27.61
铃田红彩	18.42	4.91	23.33	3.75	26.58
康尼贝克	18.90	4.96	23.86	3.81	21.16
铃田 99	16.32	4.94	21.25	3.31	29.16
早大白	17.54	4.95	22.50	3.54	26.58

注：Chla 为叶绿素 a 的含量，Chlb 为叶绿素 b 的含量，Chl（a+b）为叶绿素总含量，Chla/Chlb 为叶绿素 a 和叶绿素 b 含量比。

2020 年试验数据可知（表 4-4），在无灌溉条件下马铃薯块茎膨大期和淀粉积累期叶片生理特征表现一致，不同马铃薯品种叶绿素总含量大小为克新 1 号>陇薯 8 号>费乌瑞它>铃田红彩>民薯 2 号，表中叶绿素大小顺序为陇薯 8 号>克新 1 号>费乌瑞它>铃田红彩>民薯 2 号。不同品种马铃薯叶绿素含量的大小顺序也与叶面积、干物质量积累大小顺序基本一致。结合不同马铃薯品种农艺性状结果，表明在无灌溉条件下克新 1 号植株叶片具有高光效的能力，有利于光合作用，积累更多的营养物质来抵抗不良环境，具有较高的增产潜力。

表 4-4 不同品种块茎膨大期生理性状比较（2020 年）

生育时期	品种	超氧化物歧化酶（μg/g）	过氧化物酶（470g/min）	脯氨酸（μg/g）	电导率（%）	丙二醛（μmol/g）	叶绿素含量（mg/g）
块茎膨大期	费乌瑞它	234.31	1.97	489.41	3.02	6.65	24.23
	克新 1 号	263.80	3.56	182.29	1.01	3.38	31.59
	陇薯 8 号	262.75	2.01	303.29	1.94	5.51	24.70
	民薯 2 号	222.23	1.16	576.03	5.04	7.79	15.25
	铃田红彩	227.53	1.35	496.51	5.06	7.43	23.51
淀粉积累期	费乌瑞它	220.34	1.41	411.09	5.94	9.64	28.67
	克新 1 号	260.68	2.11	148.85	2.73	8.60	28.89
	陇薯 8 号	224.58	1.68	409.37	4.47	8.86	29.49
	民薯 2 号	218.64	0.53	583.89	15.44	13.46	19.64
	铃田红彩	211.86	0.85	509.96	7.55	10.86	24.11

植物细胞的质膜具有选择透性的独特功能，植物细胞与外界环境之间发生的一切物质交换都必须通过质膜进行。因此，质膜透性是植物对干旱胁迫反映的一个重要指标。但细胞膜对外界环境非常敏感，细胞器的膜系统在逆境条件下都会发生膨胀或破坏，从而在很大程度上影响到细胞质膜的通透功能，通过测定植株叶片电导率的大小来反映其受破坏程度。本研究通过比较不同马铃薯品种叶片电导率大小，表明克新1号在无灌溉条件下细胞膜受破坏程度较小，其仍能保持良好的半透性功能，而民薯2号和铃田红彩细胞膜受破坏程度较大，表现为叶片细胞电导率较高。

脯氨酸是植物主要的渗透调节物质，当植株受到逆境胁迫时，植株细胞内产生脯氨酸，提高细胞质浓度从而降低水势，不仅能保持足够的膨压，还能从外界水势较高处吸收水分，保证其正常的生长发育。植物正常条件下，游离脯氨酸含量很低，但遇到干旱盐碱等逆境时，游离脯氨酸便会大量积累。本研究通过对不同马铃薯品种叶片脯氨酸含量多少进行比较可知，脯氨酸含量大小顺序为民薯2号>铃田红彩>费乌瑞它>陇薯8号>克新1号，其中克新1号叶片脯氨酸含量最少，表明其在干旱条件下能够利用较少的脯氨酸含量来调节细胞的渗透势，具有较强的抗旱能力。

植物器官衰老或在逆境条件下遭受伤害，常常发生膜脂过氧化作用，丙二醛（MDA）是膜脂过氧化的最终分解产物。MDA产生并释放后，引起蛋白质、核酸等生命大分子的交联聚合，且具有细胞毒性，破坏其构型使其丧失功能，还可以破坏纤维素分子间的价键，并抑制蛋白质的合成，所以丙二醛含量是反映植株胁迫严重程度的重要指标，并且与植物的抗旱能力密切相关。在"大豆对苗期干旱胁迫的生理反应"一文中提到干旱胁迫下，野生大豆丙二醛的含量和增幅都较小，说明干旱胁迫对其影响比较小。本研究监测的克新1号和陇薯8号在块茎形成期叶片丙二醛含量较少，说明干旱胁迫对克新1号和陇薯8号的影响较小，认为这两个品种具有较强的抗旱性。

植物在逆境胁迫下体内活性氧大量积累，破坏了正常代谢时活性氧产生与清除的平衡，而活性氧的积累可引发或加剧细胞膜脂过氧化作用而造成膜损伤。POD、SOD是植物体内的保护性酶，其在逆境胁迫下可以清除植物细胞内的活性氧自由基，保护细胞结构免受破坏。因此，POD、SOD活性的变化可以反映细胞清除活性氧的能力。本研究中克新1号的POD和SOD活性均表现最高，其清除植物细胞内活性氧自由基的能力较强，表现为抗旱性较强。

(3) 不同品种间光合特性比较

由图 4-8 可知，不同马铃薯品种中，克新 1 号净光合速率和气孔导度表现最高，在早晨 9：00 时光合速率最高，到中午 12：00 时光合速率呈下降趋势，到下午 3：00 转为升高。不同品种胞间 CO_2 浓度在早晨 9：00 时差异较大，表现为民薯 2 号最高，克新 1 号最低，表明此时克新 1 号同化 CO_2 能力要高于民薯等其他品种，从而降低了胞间 CO_2 浓度。另外，克新 1 号此

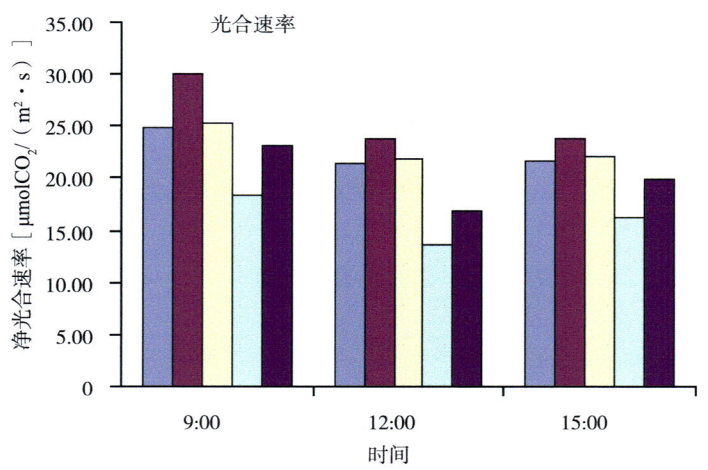

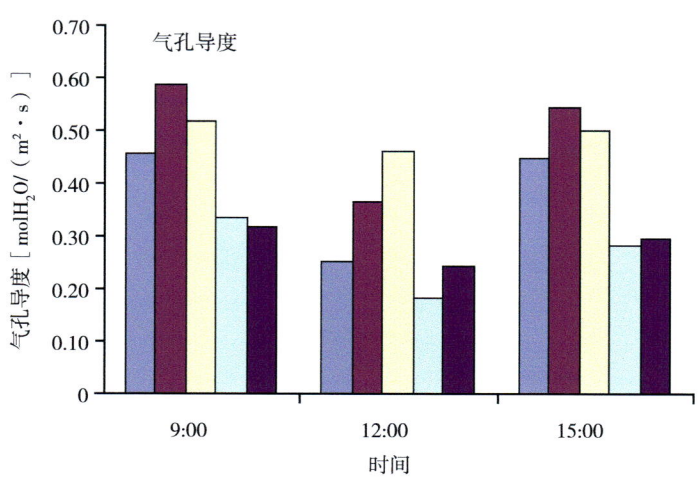

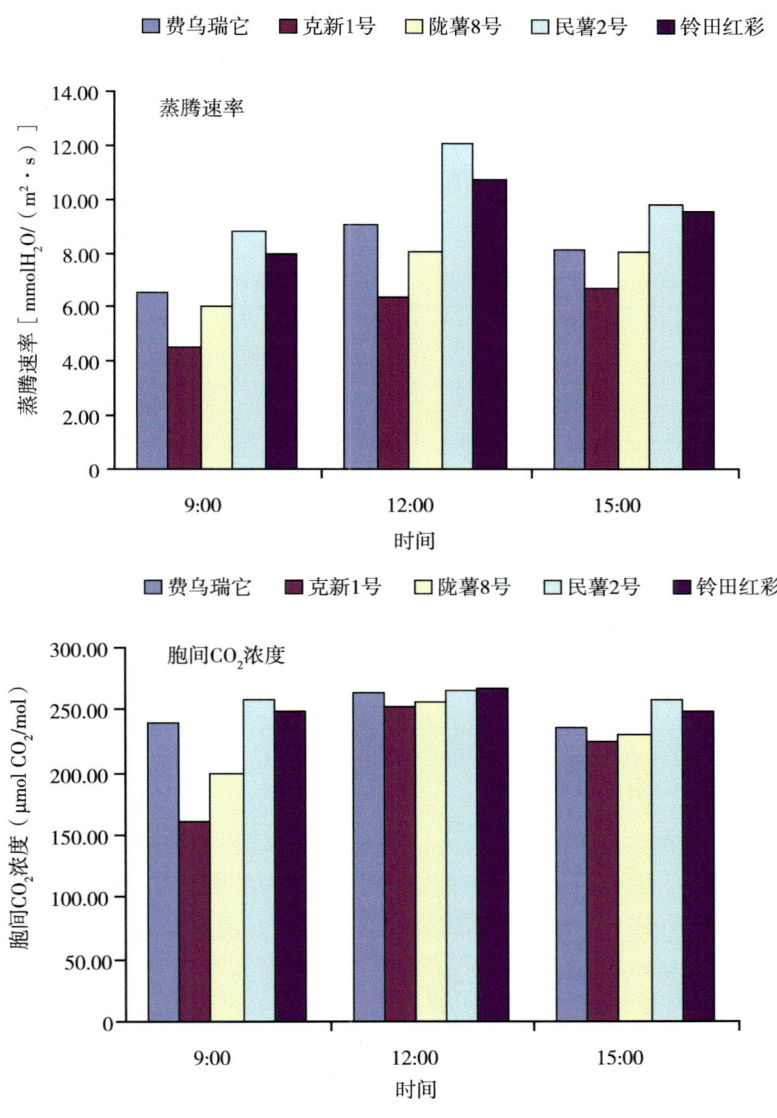

图 4-8　不同马铃薯品种间光合性能差异

时期蒸腾速率也较低，较低的蒸腾速率能够有利于植株叶内水分的保持，从而提升其抗旱能力。

（4）不同品种间产量和抗旱能力比较

从 2019 年试验数据可知（表 4-5），不同马铃薯品种间产量和水分利用效率均呈显著性差异，顺序为康尼贝克>克新1号>铃田99>荷兰15>费乌瑞它>早大白>铃田红彩。康尼贝克和克新1号产量和水分利用效率与铃田红彩呈极显著差异，且康尼贝克和克新1号的产量和水分利用效率比铃田红彩、早大白高近一倍。因此，综合其农艺性状和生理表现，康尼贝克和克新1号两个品种在旱作条件下抗旱能力较强，水分利用效率较高，适宜在旱作区进行推广。

表4-5 不同品种产量和水分利用效率差异（2019年）

品种	产量（kg/hm²）	耗水量 ET（mm）	水分利用效率 WUE［kg/（hm²·mm）］
费乌瑞它	16 308.15Cd	267.74	60.91cC
克新1号	23 511.75Ab	251.65	93.43aA
荷兰15	19 209.60Bc	262.23	73.26bB
铃田红彩	12 206.10Ef	265.65	45.95dD
康尼贝克	25 612.80Aa	270.98	94.52aA
铃田99	19 409.70Bc	259.58	74.77bB
早大白	13 006.50DEef	274.27	47.42dD

注：不同小写字母表示在0.05水平上的差异显著（$P<0.05$），不同大写字母表示在0.01水平上的差异显著（$P<0.01$），下同。

2020年试验结果表明（表4-6，表4-7），马铃薯品种间水分利用效率表现为克新1号>陇薯8号>费乌瑞它>铃田红彩>民薯2号。非灌溉条件下，不同马铃薯品种间产量与水分利用效率顺序一致。灌溉条件下，铃田红彩产量表现较高，为15 607.8 kg/hm²，说明该品种对水分反应较敏感，适宜水地种植。根据抗旱指数计算公式 $DI=DC \times Y_d/Y_{ad}$（式中 Y_d 和 Y_w 为干旱胁迫与正常灌水单株产量，Y_{ad} 为干旱胁迫所有参试品种单株产量平均值。$DC=Y_d/Y_w$，抗旱性分类标准参考路贵和等的抗旱性逐级分类法，规定抗旱级数标准如表）计算可知，克新1号抗旱指数最高（0.99），抗旱能力极强；而铃田红彩和民薯2号耐旱能力较差，不适宜在该地区种植。因此，综合其农艺性状和生理表现，克新1号在旱作条件下抗旱能力较强，水分利用效率较高，适宜在旱作区进行推广。

表 4-6 抗旱类型及评价标准

抗旱类型	抗旱指数	抗旱级数
极强抗旱（HR）	≥0.9	1
强抗旱（R）	0.8~0.9	2
中度抗旱（M）	0.7~0.8	3
弱抗旱（S）	0.6~0.7	4
极弱抗旱（HS）	<0.6	5

注：参考路贵和玉米标准。

表 4-7 不同品种产量及抗旱能力比较

品种	产量（kg/hm^2）	耗水量 ET（mm）	水分利用效率 WUE [kg/（hm^2·mm）]	抗旱指数（DI）	抗旱级数
费乌瑞它（滴灌）	14 602.3	260.25	56.13	0.81	2
费乌瑞它（不滴）	11 806.9Cc	260.21	45.37Cc		
克新1号（滴灌）	18 409.2	255.22	72.13	0.99	1
克新1号（不滴）	14 907.7Aa	250.02	59.63Aa		
陇薯8号（滴灌）	14 607.3	255.18	57.24	0.92	1
陇薯8号（不滴）	12 805.9Bb	253.65	50.49Bb		
民薯2号（滴灌）	12 406.2	279.35	44.41	0.56	5
民薯2号（不滴）	9 204.6Ee	270.56	34.02Ee		
铃田红彩（滴灌）	15 607.8	279.98	55.75	0.58	5
铃田红彩（不滴）	10 485.2Dd	261.26	40.13Dd		

（二）燕麦抗旱品种鉴选

在旱作条件下，莜麦品种坝燕1号抗旱性表现较强，具有良好的植株形态和较高的光合生产力，能够降低干旱环境对其造成的生理胁迫，保证干旱环境条件下产量稳定，产量和水分利用效率，较常规品种（定莜1号）高24.34%~42.29%和2.19~4.20 kg/（hm^2·mm），适宜作为抗旱品种进行推广。草莜1号虽然产量表现较高，但抗旱能力较弱，适宜在灌溉条件下种植。

1. 研究内容

试验于2019年和2020年在武川旱作试验站东侧旱地安排布置，选择定莜

1号、燕科1号、燕科2号、坝燕1号、坝燕4号、坝燕10号和草莜1号共7个品种，采用机械化条播，小区面积为100 m²（4 m×25 m），设置灌水和不灌水处理，灌溉方式为滴灌，施肥量：N、P_2O_5、K_2O 分别为10 kg/亩、8 kg/亩、6 kg/亩，肥料作为种肥一次性施入。在苗期、拔节期、孕穗期、抽穗期、灌浆期取样和测定形态指标；拔节期和灌浆期取样测定植株叶片丙二醛（MDA）、过氧化物酶活性（POD）、叶绿素、超氧化物歧化酶活性（SOD）、电导率和游离脯氨酸含量（Pro）；燕麦抽穗期测定倒4叶光合性能。在成熟期进行小区测产，播前、收获后测定0~100 cm土壤水分含率。

2. 研究结果

（1）不同品种生育期主要农艺性状差异

2019年试验结果如表4-8所示，不同燕麦品种苗期株高顺序为定莜1号>燕科1号>坝燕4号>坝燕1号>坝燕10号>燕科2号。植株干物质重和单株叶面积表现一致，坝燕1号的单株干物质重和单株叶面积最高，为3.57 g和99.10 cm²，分别较最低处理坝燕10号高1.25倍和1.35倍。

表4-8 不同品种苗期株高、植株干重和单株叶面积比较（2019年）

品种	株高（cm）	整株干重（g）	单株叶面积（cm²）
定莜1号	23.44	1.09	59.85
燕科1号	22.46	1.47	77.26
坝燕4号	21.56	1.57	73.54
燕科2号	18.31	1.58	66.47
坝燕10号	20.43	0.92	42.11
坝燕1号	21.54	2.07	99.10

2020年试验结果从图4-9可知，不同燕麦品种全生育期株高大小差异不明显，植株干物质重和单株叶面积表现一致，均为草莜1号>坝燕1号>燕科1号>定莜1号>燕科2号；草莜1号和坝燕1号的单株干物质重分别22.1 g和20.7 g，比最低处理燕科2号分别高50.8%和40.3%；单株叶面积分别为771 cm²和724 cm²，分别比最低处理燕科2号高40.7%和32.1%。由于单株叶面积和干物质积累量是作物产量形成的主要因素，综合两年数据认为草莜1号和坝燕1号较其他品种具有较高的增产潜力，抗旱性较强。

（2）不同品种抗旱生理特性比较

多项研究表明干旱胁迫下叶绿素含量和光合速率都有所下降，但不同品种的下降幅度不同，变幅越小的品种其抗旱性越强。本研究 2019 年监测的不同燕麦品种苗期叶绿素总含量最高的是坝燕 1 号（23.13 mg/L），坝燕 1 号幼苗叶片丙二醛含量最低（13.42 nmol/g，表 4-9）。2020 年试验结果如表 4-10 所示，不同燕麦品种生理指标在拔节期和灌浆期表现一致，叶绿素含量最高

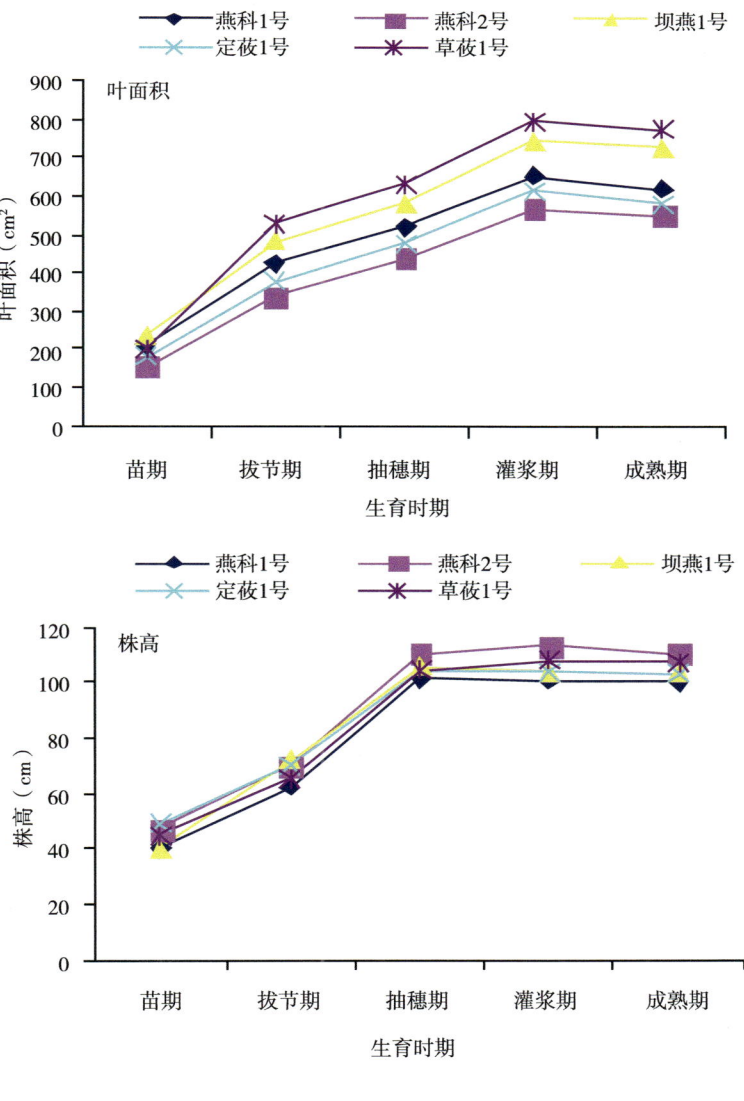

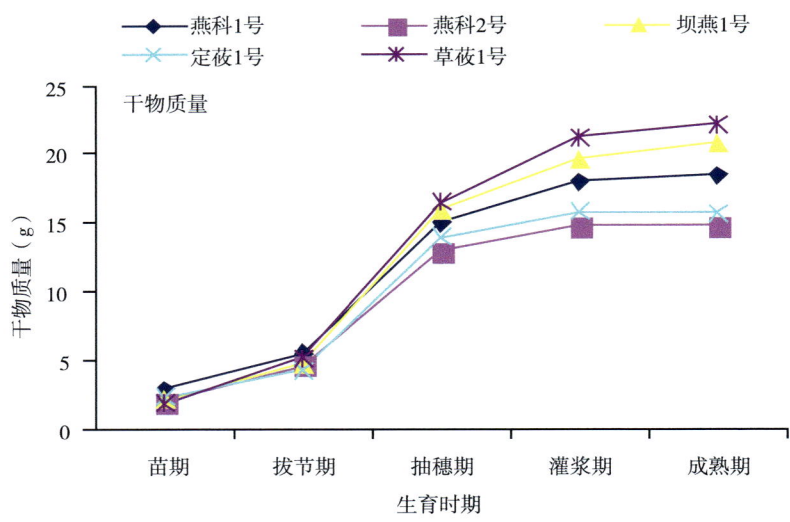

图 4-9 不同燕麦品种形态指标变化情况（2020 年）

处理为坝燕 1 号，拔节期和灌浆期分别为 34.62 mg/g 和 46.89 mg/g，且光合能力较强。渗透调节物质脯氨酸含量和丙二醛含量最高处理为燕科 2 号，最低处理为坝燕 1 号，坝燕 1 号在干旱条件下自我调节能力较强。电导率表现为燕科 2 号>定莜 1 号>燕科 1 号>草莜 1 号>坝燕 1 号，说明燕科 2 号、定莜 1 号抵抗干旱能力较弱，细胞易受到破坏。坝燕 1 号 SOD 和 POD 活性均表现较强，能够较好地清除活性氧的伤害，有利于抵抗干旱环境。因此，从植物生理特征方面，可以推断出坝燕 1 号抗旱能力较强。

表 4-9 不同品种苗期叶绿素含量和丙二醛含量差异比较（2019 年）

品种	Chla（mg/L）	Chlb（mg/L）	Chl（a+b）（mg/L）	Chla/Chlb	丙二醛含量（nmol/g）
定莜 1 号	15.54	5.22	20.75	2.98	24.06
燕科 1 号	16.74	5.27	22.01	3.18	13.94
坝燕 4 号	16.36	5.23	21.59	3.13	17.55
燕科 2 号	16.03	5.25	21.29	3.05	20.77
坝燕 10 号	15.07	5.10	20.17	2.96	28.26
坝燕 1 号	17.64	5.49	23.13	3.21	13.42

表4-10 不同品种生理性状比较（2020年）

生育时期	品种	SOD活性（μg/g）	POD（470g/min）	脯氨酸（μg/g）	电导率（％）	丙二醛（μmol/g）	叶绿素含量（mg/g）
拔节期	燕科1号	227.27	3.39	658.77	10.51	10.45	21.93
	燕科2号	158.38	2.40	775.69	14.32	16.47	17.66
	坝燕1号	350.95	4.25	471.58	5.28	7.27	34.62
	定莜1号	209.78	2.73	673.17	12.33	12.66	20.91
	草莜1号	233.01	3.89	600.96	6.15	9.77	30.19
灌浆期	燕科1号	242.37	2.40	842.35	10.0	14.24	40.40
	燕科2号	211.86	0.97	910.22	13.0	16.89	28.09
	坝燕1号	253.39	3.39	814.26	5.0	10.28	46.89
	定莜1号	222.03	1.49	844.93	13.0	16.86	39.42
	草莜1号	244.92	2.55	832.89	5.0	11.96	42.40

（3）不同品种光合性能差异

由图4-10可知，不同燕麦品种间净光合速率和气孔导度均表现为9∶00高于15∶00和12∶00，胞间CO_2浓度和蒸腾速率表现为12∶00高于9∶00和15∶00。不同品种间植株净光合速率表现为坝燕1号>草莜1号>燕科1号>定莜1号和燕科2号。气孔导度表现为坝燕1号>草莜1号>定莜

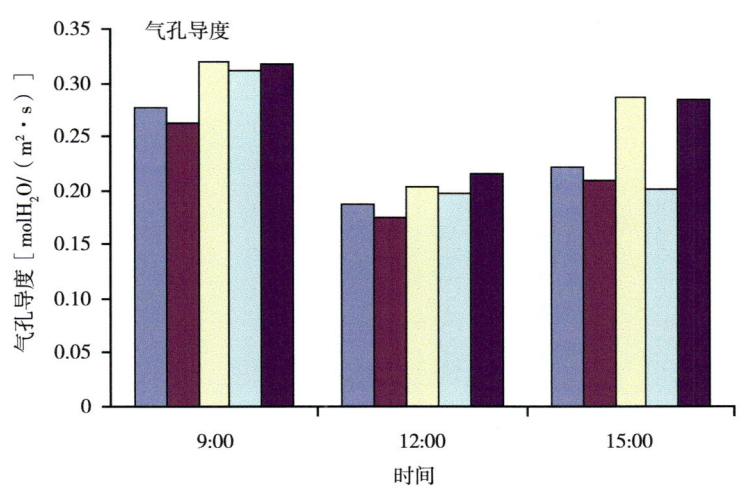

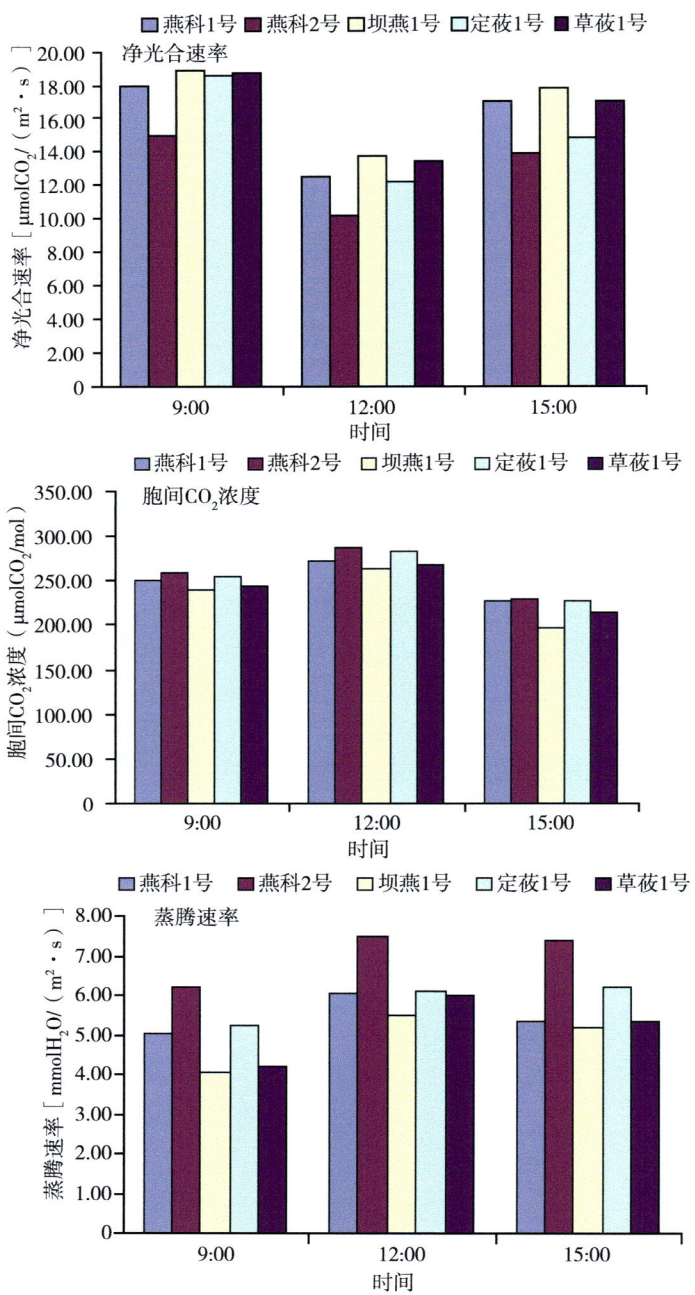

图4-10 不同燕麦品种间光合性能差异

号>燕科 1 号和燕科 2 号。胞间 CO_2 浓度和蒸腾速率均表现为燕科 2 号>定莜 1 号>燕科 1 号>草莜 1 号>坝燕 1 号。坝燕 1 号能够保持较高的光合速率和较低的蒸腾速率，有利于对有限水分的利用并提高抗旱能力。

(4) 不同品种产量和抗旱能力比较

2019 年试验结果表明（表 4-11），不同品种间水分利用效率达到了显著差异（$P<0.05$），水分利用效率最高的燕麦品种为坝燕 1 号，与水分利用效率最低的品种坝燕 10 号呈极显著差异。产量最高的处理也是坝燕 1 号，比坝燕 10 号产量高了 31.4%，进一步证明坝燕 1 号抗旱性较强，更适宜在旱作区种植。

表 4-11 不同品种产量和水分利用效率差异（2019 年）

燕麦品种	产量（kg/hm²）	耗水量 ET（mm）	水分利用效率 WUE [kg/(hm²·mm)]
定莜 1 号	1 958.25	252.70	7.75bC
燕科 1 号	2 346.60	247.12	9.50aAB
坝燕 4 号	2 185.05	247.02	8.85aAB
燕科 2 号	2 001.45	247.03	8.10bBC
坝燕 10 号	1 853.25	250.72	7.39bC
坝燕 1 号	2 434.95	244.95	9.94aA

注：小写字母表示在 0.05 水平上的差异显著，大写字母表示在 0.01 水平上的差异显著。

2020 年试验结果表明（表 4-12），在干旱条件下不同品种间产量达到了极显著差异（$P<0.01$），顺序为草莜 1 号>坝燕 1 号>燕科 1 号>定莜 1 号>燕科 2 号；坝燕 1 号和草莜 1 号与其他品种水分利用效率呈极显著差异，但坝燕 1 号与草莜 1 号水分利用效率无显著差异。抗旱指数最高的品种为坝燕 1 号，表明其抗旱能力极强；草莜 1 号在灌水条件下水分利用效率较高，但在无灌溉条件下其水分利用效率降幅较大，说明其对水分较敏感，表明其在水地种植具有较大的增产潜力。

表 4-12 不同品种产量和抗旱能力比较（2020 年）

品种	产量（kg/hm²）	耗水量 ET（mm）	水分利用效率 WUE [kg/(hm²·mm)]	抗旱指数（DI）	抗旱级数
燕科 1 号（滴灌）	3 051.32Cc	245.23	12.44	0.99	1
燕科 1 号（不滴）	2 974.85	240.21	12.38Bb		

（续表）

品种	产量 （kg/hm²）	耗水量 ET（mm）	水分利用效率 WUE［kg/ （hm²·mm）］	抗旱指数 （DI）	抗旱级数
燕科2号（滴灌）	3 103.95	249.67	12.43	0.55	5
燕科2号（不滴）	2 236.35Ee	247.22	9.05Cc		
坝燕1号（滴灌）	3 594.23	248.33	14.47	1.11	1
坝燕1号（不滴）	3 404.83Bb	247.22	13.77Aa		
定莜1号（滴灌）	2 834.53	255.92	11.08	0.69	4
定莜1号（不滴）	2 392.83Dd	250.11	9.57Bb		
草莜1号（滴灌）	5 213.71	256.75	20.31	0.84	2
草莜1号（不滴）	3 570.25Aa	254.85	14.01Aa		

注：小写字母表示在0.05水平上的差异显著，大写字母表示在0.01水平上的差异显著。

第三节　小　结

综合以上研究发现阴山北麓地区年降水量低、作物产量低、不同年型下的作物产量状况存在差异，干旱年型下甚至不适合作物种植。结合阴山北麓地区生态特征与农业生产条件推荐以下种植模式。

第一，按照作物产量对水分亏缺的敏感程度，种植作物的优先序为：油葵<食葵<玉米<燕麦<油菜<马铃薯。

第二，按照种植时间，早、中和晚熟作物中播，成熟时能够获得的干物质积累最高。马铃薯中熟品种较晚播种，是当地抗旱高产的最佳耦合方式。

第三，考虑到年型，降水少的年份可以采用休闲压青的方式，为翌年作物种植积蓄更多的水资源。降水量在200 mm以下的较低值区（达茂旗、四子王旗、苏尼特左旗南部、苏尼特右旗大部、阿巴嘎旗大部及锡林郭勒盟西北部）适合种植抗旱和低耗水型作物品种，以饲草发展为主，如旱作燕麦、大麦、玉米等，适宜发展休闲轮作、减蚀保土耕作、垄膜集雨抗旱保墒等技术。降水量在200~250 mm为中值区（固阳县、武川县中北部、四子王旗南部、商都县、正蓝旗、正镶白旗、东乌珠穆沁旗大部）适合种植抗旱和低耗水型作物品种，以农牧结合为主，种植马铃薯、燕麦、小麦、油菜、向日葵、玉米等，适宜发展粮草轮作、限量补灌、集雨抗旱、有机培肥等地力培育资源高效利用技术。降水量高于 250 mm 为高值区（武川南部、正蓝旗东部、锡林浩特东部、西乌旗大部、东乌旗东北部），以农牧结合为主，适宜种植马铃薯、燕麦、小麦、向日葵、玉米等，适宜发展粮草轮作、带状种植、有机培肥、水肥协同等地力培育丰产增效技术。

第五章　阴山北麓抗旱节水栽培与保水耕作技术

第一节　马铃薯关键生育时期适水栽培与限量滴灌技术

一、研究内容

采用起垄滴灌种植，处理为不同灌水时期，灌水时期为苗期、现蕾期、初花期（块茎形成期）、盛花期（块茎膨大期）、终花期（淀粉积累期）和成熟期共 7 个处理，灌水量为 12.5 m^3/亩，传统灌水为对照（CK，全生育期灌水 8 次，总灌水量为 100 m^3），垄宽为 50 cm、垄距为 60 cm、垄高约 20 cm、株距为 40 cm、试验面积为 40 m^2（5 m×8 m）。马铃薯品种选择当地主推品种，基肥 N、P_2O_5、K_2O 分别为 16 kg/亩、12 kg/亩、18 kg/亩，盛花期随水进行氮肥和钾肥追施，N 和 K_2O 分别为 12 kg/亩和 10 kg/亩。

表 5-1　试验处理设计　　　　　　　　　　单位：m^3

处理编号	灌水量						
	苗期	现蕾期	初花期	盛花期	终花期	成熟期	合计
W_1	0	0	0	0	0	0	0
W_2	12.5	0	0	12.5	0	0	25
W_3	12.5	0	12.5	12.5	0	0	37.5
W_4	12.5	12.5	12.5	12.5	0	0	50
W_5	12.5	12.5	12.5	12.5	12.5	0	62.5
W_6	12.5	12.5	12.5	12.5	12.5	12.5	75
W_7	12.5	12.5+12.5	12.5	12.5+12.5	12.5	12.5	100

二、研究结果

1. 不同灌溉量对马铃薯单株干物质积累量的影响

通过两年（2020年和2021年）试验比较结果表明（图5-1），马铃薯

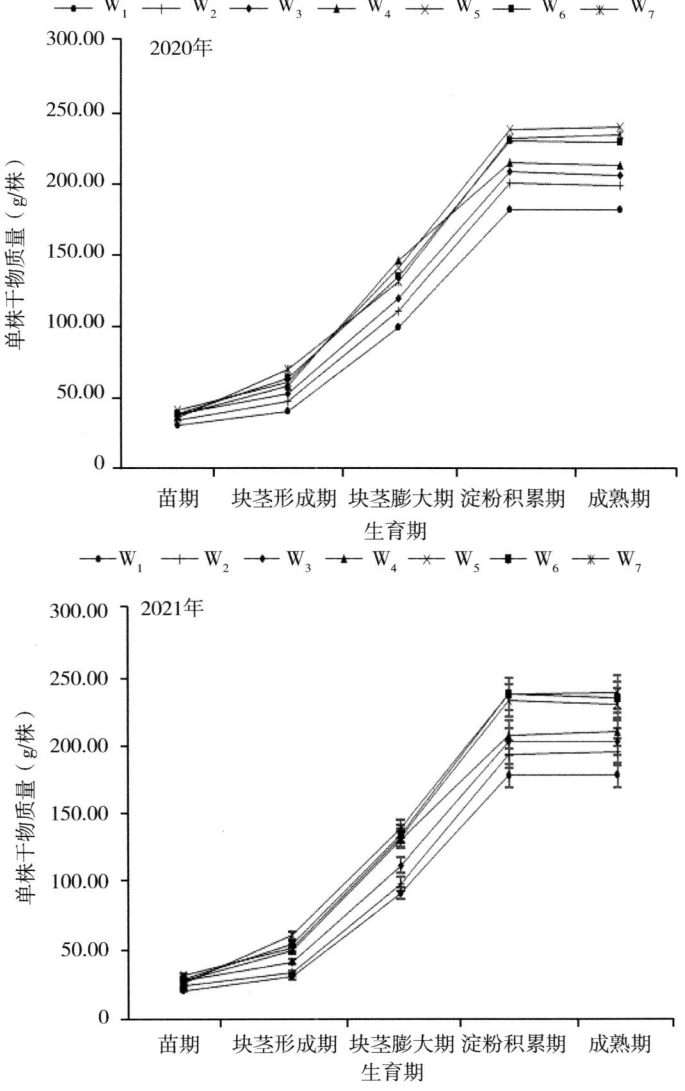

图5-1　2020—2021年马铃薯单株干物质量积累动态

因灌水量不同，单株干物质变化情况发生显著变化。随着马铃薯生育期的进行，干物质呈现出先上升后稳定的趋势，且表现出 $W_7>W_5>W_6>W_4>W_3>W_2>W_1$ 的变化规律。单株干物质最高的处理与最低的处理间存在差异，尤以块茎形成期、苗期、块茎膨大期明显，通过灌水对干物质的含量影响较大。2020 年苗期单株干物质含量最高的 W_5（灌水量 62.5 m^3）处理较单株干物质最低的 W_1（无灌水）处理提升了 33.61%。块茎形成期单株干物质含量最高的 W_7（灌水量 100 m^3）处理较单株干物质最低的 W_1（无灌水）处理提升了 49.51%。块茎膨大期单株干物质含量最高的 W_7（灌水量 100 m^3）处理较单株干物质最低的 W_1（无灌水）处理提升了 33.71%。2021 年苗期单株干物质含量最高的 W_5（灌水量 62.5 m^3）处理较单株干物质最低的 W_1（无灌水）处理提升了 24.27%。块茎形成期单株干物质含量最高的 W_7（灌水量 100 m^3）处理较单株干物质最低的 W_1（无灌水）处理提升了 41.23%。块茎膨大期单株干物质含量最高的 W_7（灌水量 100 m^3）处理较单株干物质最低的 W_1（无灌水）处理提升了 31.82%。

2. 不同灌溉量对马铃薯单株叶面积的影响

通过两年（2020 年和 2021 年）试验数据表明，灌水量对马铃薯单株叶面积变化情况影响显著，各处理间存在显著差异（$P<0.05$），尤以苗期、淀粉积累期和成熟期最明显（表 5-2）。随着生育期的进行，马铃薯的单株叶面积逐渐增大，在淀粉积累期至成熟期逐渐趋于稳定，大体上表现出 $W_7>W_6>W_5>W_4>W_3>W_2>W_1$ 的变化规律。随着灌水量梯度的递增，同一时期内马铃薯的单株叶面积大部分也表现出递增的规律。2020 年，W_7 处理各个生育期单株叶面积均处于差异较明显水平：苗期 W_7（灌水量 100 m^3）处理的单株叶面积较 W_1（无灌水）处理的单株叶面积提高了 48.00%；淀粉积累期 W_7（灌水量 100 m^3）处理的单株叶面积较 W_1（无灌水）处理的单株叶面积提高了 40.00%；成熟期 W_7（灌水量 100 m^3）处理的单株叶面积较 W_1（无灌水）处理的单株叶面积提高了 40.55%。2021 年试验结果与 2020 年试验结果相似：苗期 W_7（灌水量 100 m^3）处理的单株叶面积较 W_1（无灌水）处理的单株叶面积提高了 46.73%；淀粉积累期 W_7（灌水量 100 m^3）处理的单株叶面积较 W_1（无灌水）处理的单株叶面积提高了 36.99%；成熟期 W_7（灌水量 100 m^3）处理的单株叶面积较 W_1（无灌水）处理的单株叶面积提高了 37.76%。

表 5-2 2020—2021 年马铃薯单株叶面积变化

年份	处理	叶面积（cm²/株）				
		苗期	块茎形成期	块茎膨大期	淀粉积累期	成熟期
2020 年	W_1	387.56b	1 256.38c	2 783.23c	1 980.56c	1 954.33c
	W_2	726.34a	1 278.35c	2 880.28bc	2 265.84b	2 229.56b
	W_3	738.50a	1 348.34b	2 887.45bc	2 901.45ab	2 864.45ab
	W_4	743.70a	1 356.21b	2 947.37b	2 820.84ab	2 792.48ab
	W_5	740.50a	1 345.76b	2 928.61b	2 996.30a	2 960.34a
	W_6	750.48a	1 367.82b	2 968.38b	3 265.70a	3 221.72a
	W_7	746.36a	1 453.38a	3 212.86a	3 315.36a	3 287.29a
2021 年	W_1	402.37b	1 287.85c	2 744.92c	2 020.65c	1 978.95c
	W_2	721.23a	1 260.56c	2 900.05b	2 458.40b	2 429.41b
	W_3	732.67a	1 382.78b	2 878.87bc	2 886.38ab	2 864.33ab
	W_4	745.44a	1 384.28b	2 986.45b	2 895.38ab	2 856.46ab
	W_5	727.76a	1 377.45b	2 998.56b	3 103.66a	3 061.55ab
	W_6	753.68a	1 350.38b	3 010.55b	3 156.78a	3 118.58a
	W_7	755.38a	1 437.86a	3 145.78a	3 206.80a	3 179.63a

注：图中不同小写字母表示在 $P<0.05$ 水平差异显著。

3. 不同灌溉量对马铃薯光合势的影响

光合势作为作物在某一生育时期内群体绿叶面积的逐日累积情况的参考指标，与叶面积的变化情况息息相关。通过两年的试验结果表明，苗期叶片处于初步伸展期，各处理间和年限间差距不明显。从块茎形成期至淀粉积累期马铃薯的光合势呈增长趋势，淀粉积累期至成熟期呈现出减少的趋势，且年际间处于较高增长趋势的时期也存在差异。2020 年在苗期至块茎形成期、块茎形成期至块茎膨大期和淀粉积累期至成熟期 3 个时期马铃薯的光合势变化差异较为明显，以淀粉积累期至成熟期最明显。苗期至块茎形成期光合势最高的 W_7（灌水量 100 m³）处理较光合势最低的 W_1（无灌水）处理提升了 29.00%；块茎形成期至块茎膨大期光合势最高的 W_7（灌水量 100 m³）处理较光合势最低的 W_1（无灌水）处理提升了 22.00%。淀粉积累期至成熟期光合势最高的 W_7（灌水量 100 m³）处理较光合势最低的 W_1（无灌水）处理提升了 30.00%。2021 年在播种期至苗期、块茎膨大期至淀粉积累期和淀粉积累期至成熟期 3 个时期马铃薯的光合势变化差异较为明显，以播种期至苗期最明显：播种期至苗期光合势最高的 W_7（灌水量 100 m³）处理较光合势最低的 W_1（无灌水）处理提升了 38.00%；块茎膨大期至淀粉积累期光合势最高的 W_7（灌水量 100 m³）处理较光合势最低的 W_1（无灌水）处理提升了 26.00%；淀粉积累期至成熟期光合势最高的 W_7（灌水量 100 m³）处理较光合势最低的 W_1（无灌水）处理提升了 24.00%。

表 5-3　2020—2021 年不同时期马铃薯光合势变化

年份	处理	光合势 [×10⁴m²/（d·hm²）]				
		播种期至苗期	苗期至块茎形成期	块茎形成期至块茎膨大期	块茎膨大期至淀粉积累期	淀粉积累期至成熟期
2020 年	W_1	8.16b	40.28c	124.08c	118.16c	100.40c
	W_2	10.59a	45.45b	132.12bc	122.20b	112.30b
	W_3	10.25a	50.85ab	135.48bc	131.00ab	126.45ab
	W_4	10.55a	51.62ab	140.36b	130.66ab	130.14ab
	W_5	10.65a	52.45ab	143.66b	148.85a	140.00a
	W_6	10.46a	51.26ab	140.28b	146.68a	138.67a
	W_7	10.29a	56.36a	158.68a	150.35a	142.51a
2021 年	W_1	6.59b	42.65b	123.67c	115.10c	102.44c
	W_2	10.69a	43.78b	134.87bc	123.50b	110.06b
	W_3	10.74a	50.75ab	136.75bc	130.88ab	119.33ab
	W_4	10.63a	50.69ab	140.88b	132.47ab	121.64ab
	W_5	11.23a	51.44ab	141.46b	150.55a	124.28ab
	W_6	10.87a	50.46ab	140.26b	153.45a	130.25a
	W_7	10.64a	55.47a	152.30a	155.36a	134.65a

注：图中不同小写字母表示在 $P<0.05$ 水平差异显著。

4. 不同灌溉量对马铃薯水分利用效率及产量的影响

从作物产量表现来看（表 5-4），不同年度 W_5 处理下马铃薯产量表现最优，平均为 39 186.5 kg/hm²，较对照（W_7）显著提高 11.74%~17.65%；马铃薯块茎形成期（W_2）缺水会直接导致产量下降，与 W_5 相比，平均减产达 29.61%~30.14%。W_3 处理下马铃薯产量和 W_4 处理相比，差异不显著，说明在马铃薯关键需水期（块茎形成期）进行补水，可以补偿前期缺水带来的影响。

在作物水分利用效率方面，不同年度 W_5 处理下马铃薯水分利用效率表现最优，平均为 118.19 kg/（mm·hm^2），较对照（W_7）显著提高 10.93%~12.90%，节约水资源消耗 60%。由此可见，马铃薯对水分消耗最大的时期主要集中于块茎形成期和块茎膨大期，是决定马铃薯产量形成的关键时期。马铃薯块茎形成期（W_2）缺水会直接导致作物水分利用效率下降，比 W_5 显著降低 44.20%~50.35%。

表 5-4 不同灌溉量下作物产量及水分利用效率

年份	处理	耗水组成			总耗水量（mm）	产量（kg/hm^2）	水分利用效率[kg/（hm^2·mm）]
		土壤水（mm）	降水（mm）	灌水（mm）			
2020 年	W_1	224.27	160.50	0	384.77	29 185d	75.85c
	W_2	182.36	160.50	37.5	380.36	30 543d	80.30bc
	W_3	165.02	160.50	56.25	381.77	32 126c	84.15b
	W_4	140.25	160.50	75	375.75	32 164c	85.60b
	W_5	89.00	160.50	93.75	343.25	39 748a	115.80a
	W_6	65.00	160.50	112.5	338.00	35 612b	105.36ab
	W_7	18.88	160.50	150	329.38	33 785c	102.57ab
2021 年	W_1	231.70	130.40	0	362.10	28 570d	78.90c
	W_2	203.67	130.40	37.5	371.57	29 800d	80.20c
	W_3	181.17	130.40	56.25	367.82	32 589c	88.60b
	W_4	161.58	130.40	75	366.98	33 895c	92.36b
	W_5	96.17	130.40	93.75	320.32	38 625a	120.58a
	W_6	83.56	130.40	112.5	326.46	36 025b	110.35ab
	W_7	37.60	130.40	150	318.00	34 566c	108.70ab

注：图中不同字母表示在 $P<0.05$ 水平差异显著。

5. 不同灌溉量对马铃薯产量构成因素的影响

由表 5-5 可知，不同年度马铃薯单株产量均以 W_5 处理表现最优，平均单株产量为 0.88 kg，较 W_6 和 W_7 处理显著提高 18.42%~19.44% 和 28.36%~42.86。W_3 和 W_4 处理下马铃薯单株产量无显著差异，说明在马铃薯淀粉积累期、成熟期进行灌溉无增产效应。通过不同灌溉，W_5 处理下马铃薯的结薯数和单薯重表现最优，平均结薯 6.4 个，单株薯重为 162.9 g/个，同对照相比（W_7），单株结薯数显著增加 16.67%~22.64%，单株薯重显著增加 6.50%~

6.99%。从马铃薯商品薯率来看,全生育期灌水达 62.5 m³（W_5）时马铃薯商品薯率最高,平均为 88.85%,同对照相比,马铃薯商品率显著提高 9.55%~10.92%,说明在马铃薯淀粉积累期之后持续灌水会影响马铃薯商品率,降低经济效益。

表 5-5　不同灌溉量下马铃薯产量构成因素

年份	处理	单株产量（kg/株）	结薯数（个/株）	单薯重（g/个）	商品薯率（%）
2020 年	W_1	0.41d	4.30b	125.50d	63.60d
	W_2	0.45d	4.40b	126.70d	73.50c
	W_3	0.62c	4.30b	132.40c	75.40c
	W_4	0.60c	5.50ab	135.00c	79.65b
	W_5	0.90a	6.50a	160.40a	88.30a
	W_6	0.76b	5.40ab	156.80ab	85.50ab
	W_7	0.63c	5.30ab	150.60b	80.60b
2021 年	W_1	0.42d	4.10b	120.50c	61.30d
	W_2	0.46d	4.00b	123.70c	72.50c
	W_3	0.65c	4.40b	135.40b	74.60c
	W_4	0.62c	5.50ab	137.00b	81.65b
	W_5	0.86a	6.30a	165.40a	89.40a
	W_6	0.72b	5.50ab	155.90ab	83.50b
	W_7	0.67c	5.40ab	154.60ab	80.60b

注：图中不同小写字母表示在 $P<0.05$ 水平差异显著。

三、小结

在马铃薯苗期、现蕾期、初花期（块茎形成期）、盛花期（块茎膨大期）、终花期（淀粉积累期）进行补充灌溉,总灌溉量为 62.5 m³/亩（每次灌溉 12.5 m³/亩）。该技术两年平均作物水分利用效率为 118.19 kg/（mm·hm²）较传统灌溉量为 100 m³/亩时,可显著提高 10.93%~12.90%,节约水资源消耗 37.5%。

第二节　燕麦有机培肥高质栽培技术

一、研究内容

试验于 2020 年 5—9 月进行，共设生物炭和有机肥配施（BM）、单施生物炭（B）、单施有机肥（M）、不施生物炭和有机肥（CK）4 个处理，每个处理设置 3 次重复，小区面积 30 m²（6 m×5 m），随机区组排列。生物炭、有机肥田间施用量见表 5-6，生物炭和有机肥均在播种前与种肥进行混合，所有处理种肥均施用磷酸二铵（P_2O_5 150 kg/hm²），燕麦于 5 月 18 日采用机械条播，播种量 150 kg/hm²，种植行距 25 cm，在 9 月 10 日收获。肥料均通过分层播种机随播种施入土壤，施入深度为 10~20 cm，试验地终年无灌溉。

表 5-6　不同处理的施肥种类及施肥量

处理	生物炭（kg/hm²）	有机肥（kg/hm²）	磷酸二铵（kg/hm²）
CK	0	0	150
B	4 500	0	150
M	0	15 000	150
BM	4 500	15 000	150

二、研究结果

（一）生物炭配施有机肥对燕麦关键生育期农艺性状的影响

随着生育阶段的推移，燕麦株高、单株叶面积以及地上部干物质积累量均呈增长趋势（表 5-7）。与 CK 相比，B 处理、M 处理和 BM 处理均能不同程度促进燕麦生长。以灌浆期为例，与 CK 处理相比，B 处理，M 处理，BM 处理燕麦株高分别提高了 17.73%、22.26% 和 25.96%；单株叶面积分别提高了 13.32%、16.98% 和 23.64%；地上部干物质分别提高了 6.48%、7.39% 和 20.30%。此外，BM 处理在拔节期至灌浆期均能显著提高燕麦株高、单株叶面积和地上部干物质积累。B 处理与 M 处理相比，在燕麦生育前中期（拔节期至抽穗期）的株高、单株叶面积和地上部干物质积累 B 处理均优于 M 处理；燕麦生育后期（灌浆期），M 处理的各项指标则相反则优于 B 处理。由此可见，单施生物炭利于燕麦前中期生长，但后期作用效果不及单施有机肥，这与试验地降水有一定关系。通过分析试验期间降水量可知，拔节期降水量较其他生育期虽较多，但日平均降水量较少，土壤水分有限，而生物炭本身所具有的多孔结构和吸附能力能够将有限的水分固持来供应燕麦生长。总体来看，拔节期和抽穗期各处理表现为：BM>B>M>CK；灌浆期表现为：BM>M>B>CK。生物炭和有机肥配施处理在燕麦全生育阶段表现较好。

表 5-7 不同处理燕麦的农艺性状

农艺性状	处理	生育期		
		拔节期	抽穗期	灌浆期
株高 （cm）	CK	53.6±3.32c	100.1±5.49c	107.2±2.87c
	B	58.2±2.53b	114.6±4.45b	126.2±2.66b
	M	54.1±2.25c	105.9±3.99c	131.1±2.05ab
	BM	61.3±2.43a	121.0±3.02a	135.1±3.69a
单株叶面积 （cm^2）	CK	51.5±1.46c	102.1±3.20d	107.3±2.76d
	B	57.9±1.52b	112.8±3.18b	121.6±1.61c
	M	52.6±1.57c	107.4±2.39c	125.6±2.48b
	BM	63.6±1.62a	121.0±3.22a	132.7±2.43a
地上部 干物质量 （kg/hm^2）	CK	2 480.7±160.04c	7 871.6±147.25c	9 243.0±322.88c
	B	2 607.6±234.87b	8 283.9±239.16b	9 841.7±89.23b
	M	2 499.1±151.56c	8 297.1±153.63b	9 925.6±120.92b
	BM	3 267.1±249.07a	9 141.6±269.46a	11 119.7±318.46a

注：同列不同小写字母表示不同处理间在 $P<0.05$ 水平差异显著。

（二）生物炭配施有机肥对 0~100 cm 土层土壤含水量的影响

随着燕麦生育阶段的推移，0~40 cm 土层土壤含水量均呈先增高后降低趋势，40~100 cm 土层土壤含水量在燕麦全生育阶段变化较小，且各处理土壤含水量在拔节期至灌浆期阶段较高（图 5-2）。结合试验地降水规律分析，拔节期开始试验地降水逐渐较多，土壤含水量增加，之后随着降水减少和燕麦生长需水增多,导致燕麦生育后期土壤含水量下降。不同处理间0~40 cm土层土壤含水量在全生育阶段整体表现为:BM>B>M>CK。苗期和成熟期施用生物炭处理(B和BM)与CK差异显著。以苗期为例,与CK处理相比,B处理和BM处理0~20 cm土壤含水量分别提高15.84%和19.12%,;20~40 cm土层土壤含水量分别提高12.98%和18.95%。在土壤水分有限条件下,生物炭保水蓄水效果明显。随着生育期推进,降水增多,土壤含水量增加,生物炭对土壤水分的吸附能力并未减弱,但与M处理的差异在逐渐减小。BM处理与其他3个处理差异显著,在拔节期时土壤含水量达到峰值,而B、M、CK处理间整体差异不大,说明单施生物炭和有机肥对土壤水分提升不如配施效果明显,而两者配施能够更好地在有限土壤水分条件下的发挥。以拔节期和灌浆期为例,BM处理0~20 cm土层土壤含水量较CK、B、M处理分别提高12.48%、1.87%、6.15%和9.29%、4.57%、5.90%,20~40 cm土层分别提高16.34%、1.65%、6.32%和7.40%、1.83%、3.73%。可见,配施处理在全生育阶段土壤水分保持效果优于两个单施处理,且单施生物炭的效果优于单施有机肥。

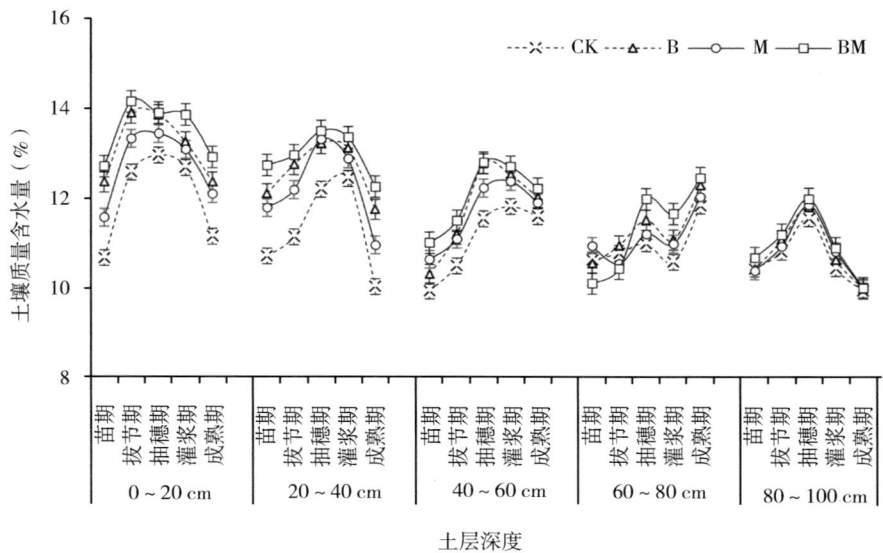

图5-2 不同处理各土层全生育期土壤含水量变化

（三）生物炭配施有机肥对土壤耗水特征的影响

随着生育阶段的推进，燕麦阶段耗水量（ET_{1-2}）、阶段耗水强度（CD）、耗水模系数（CP）均呈现先增加后降低的趋势（表5-8）。在播种-苗期阶段，耗水量主要源于田间蒸发，处理间表现为：CK>M>B>BM，且BM处理显著低于CK和M处理。该时期生物炭配施有机肥保水作用较强，耗水量降低12.44%。苗期至拔节期，田间温度升高，农田蒸发增大，燕麦对水分的需求增大，ET_{1-2}、CD、CP指标各处理均表现为：CK>B>BM>M，且各处理间差异不显著。该阶段生物炭配施有机肥处理（BM）燕麦生长最快，需水量较大，但此生育阶段农田耗水主要决定因素仍为农田蒸发，CK处理由于保水性差，耗水量仍最大。拔节期至抽穗期，抽穗期至灌浆期，这两个生育阶段各处理农田ET_{1-2}、CD、CP指标规律一致，整体表现为：BM>M>B>CK，两个阶段耗水模系数总和达到50%以上，为燕麦生长需水最大时期。此阶段（拔节期至灌浆期）燕麦生长较快，冠层增大，光合蒸腾耗水增加，农田耗水主要源于燕麦生长需水。与CK相比，在拔节期至抽穗期和抽穗期至灌浆期，B处理、M处理和BM处理耗水量分别增加0.14%、1.59%、1.82%和3.95%、4.26%、5.65%。灌浆期至成熟期，环境温度下降，农田蒸发量减少，燕麦生长需水量也有所降低，各处理ET_{1-2}、CD、CP指标均降低，处理间差异均不显著。

表5-8 不同处理各生育阶段的土壤耗水特征

生育期	耗水特征	处理			
		CK	B	M	BM
播种期至苗期	ET_{1-2}（mm）	27.09±1.62a	24.09±1.33c	25.83±1.57b	23.72±1.03c
	CD（mm/d）	1.23±0.05a	1.10±0.03b	1.17±0.04b	1.08±0.02b
	CP（%）	8.74±0.15a	7.81±0.10b	8.36±0.11ab	7.72±0.07b
苗期至拔节期	ET_{1-2}（mm）	93.51±5.35a	92.64±4.52a	90.35±6.14a	91.10±3.24a
	CD（mm/d）	4.68±0.07a	4.63±0.05a	4.52±0.08a	4.56±0.03a
	CP（%）	30.16±1.17a	30.03±1.03a	29.24±1.26a	29.64±0.91a
拔节期至抽穗期	ET_{1-2}（mm）	84.22±3.53b	84.34±3.48b	85.56±4.11a	85.75±4.05a
	CD（mm/d）	3.12±0.05a	3.13±0.04a	3.17±0.06a	3.18±0.06a
	CP（%）	27.16±0.78b	27.34±0.63a	27.69±0.87a	27.90±0.80a

（续表）

生育期	耗水特征	处理			
		CK	B	M	BM
抽穗期至灌浆期	ET_{1-2}（mm）	45.32±2.21b	47.11±2.35a	47.25±2.22a	47.88±2.20a
	CD（mm/d）	2.52±0.06b	2.62±0.07a	2.63±0.06a	2.66±0.06a
	CP（%）	14.62±0.38b	15.27±0.45a	15.29±0.40a	15.58±0.37a
灌浆期至收获期	ET_{1-2}（mm）	59.92±2.64a	60.32±2.77a	60.02±2.56a	58.87±2.12a
	CD（mm/d）	2.07±0.07a	2.08±0.09a	2.07±0.05a	2.03±0.04a
	CP（%）	19.33±0.88a	19.55±0.93a	19.42±0.71a	19.16±0.53a

注：同行不同小写字母表示不同处理间在 $P<0.05$ 水平差异显著。

（四）生物炭配施有机肥对燕麦产量及其构成因素的影响

由表5-9可见，各处理收获穗数、穗粒数、单穗粒重均表现为：BM>B>M>CK，千粒重表现为：BM>M>B>CK。与对照CK相比，产量构成因素除千粒重外，B处理、M处理和BM处理收获穗数、穗粒数、单穗粒重均差异显著（$P<0.05$），其中仅BM处理可同时显著提高收获穗数、穗粒数和单穗粒重，B处理和M处理仅能显著提高穗粒数（$P<0.05$）。以穗粒数为例，B处理、M处理和BM处理较CK分别提高32.83%、17.92%、45.75%。从燕麦籽粒产量来看，籽粒产量表现为：BM>B>M>CK。B处理、M处理和BM处理籽粒产量较CK分别提高了10.59%、7.63%和14.80%，单施生物炭和有机肥及配施均可显著提高燕麦籽粒产量，以两者配施产量提高的幅度最大（$P<0.05$）。

表5-9 不同处理燕麦的籽粒产量及产量构成因素

处理	收获穗数（$\times 10^4/hm^2$）	穗粒数	单穗粒重（g）	千粒重（g）	籽粒产量（kg/hm^2）
CK	211.73±7.38b	53.12±2.54d	1.57±0.04b	22.31±0.26a	2 093.64±107.25c
B	215.69±6.96b	70.56±2.75b	1.61±0.06b	22.46±0.06a	2 315.26±158.27ab
M	212.41±8.63b	62.64±3.67c	1.59±0.02b	22.58±0.07a	2 253.44±40.00b
BM	231.12±7.59a	77.42±6.59a	1.77±0.06a	23.12±0.40a	2 403.53±69.92a

注：同列不同小写字母表示不同处理间在 $P<0.05$ 水平差异显著。

(五) 生物炭配施有机肥对燕麦水分利用的影响

由表5-10可知,生育阶段内总耗水量、土壤贮水消耗处理间整体表现为:CK>M>B>BM。单施生物炭(B)、单施有机肥(M)和配施(BM)对生育期内耗水量无显著影响(0.38%~0.88%),但单施生物炭(B)和配施(BM)可以显著降低土壤贮水消耗($P<0.05$),单施有机肥(M)与不施用(CK)间差异不显著。与B、M、CK处理相比,BM处理土壤贮水消耗量分别降低了11.34%、17.87%和20.09%。水分利用效率各处理表现为:BM>B>M>CK。与CK相比,B、M、BM处理水分利用效率分别提高12.18%、8.62%和16.64%,在减少土壤水分消耗和提升土壤水分利用方面,施用生物炭和有机肥均作用显著,其中单施生物炭作用效果优于单施有机肥,两者配施效果最佳。

表5-10 不同处理燕麦的水分利用特征

处理	总耗水量(mm)	降水量(mm)	土壤贮水消耗量(mm)	水分利用效率[kg/(mm·hm^2)]
CK	310.06±7.54a	292.5a	20.36±2.28a	6.73±0.25d
B	308.50±5.55a	292.5a	18.35±1.66b	7.55±0.46b
M	309.01±4.32a	292.5a	19.81±1.91a	7.31±0.20c
BM	307.32±5.17a	292.5a	16.27±1.01c	7.85±0.36a

注:同列不同小写字母表示不同处理间在$P<0.05$水平差异显著。

三、小结

增施生物碳和有机肥可显著促进旱作燕麦生长,有效保持土壤水分,提高燕麦水分利用效率和产量。该技术可提高株高25.96%,单株叶面积23.64%,地上部干物质20.30%。在产量方面,显著提高收获穗数、穗粒数和单穗粒重,促进燕麦籽粒产量形成,籽粒产量提高7.63%~14.80%。在水分利用方面可提高0~40 cm土壤含水量1.65%~19.12%;显著降低燕麦土壤贮水消耗11.34%~20.09%;水分利用效率提高8.62%~16.64%;总耗水量降低0.38%~0.88%。

第三节 马铃薯和绿肥间作带宽合理配置技术

一、研究内容

在呼和浩特市武川县内蒙古自治区农牧业科学院旱作试验站内布置马铃薯和毛叶苕子间作带宽合理配置技术研究内容,采用裂区设计,主区设马铃薯垄距,为 90 cm(RS90)和 120 cm(RS120),副区为马铃薯垄间毛叶苕子行数,分别在马铃薯两垄间种 2 行毛叶苕子、3 行毛叶苕子、4 行毛叶苕子,对照为马铃薯单作。为保证不同处理间同一作物种植密度一致,毛叶苕子采用条播,播种量为 45 kg/hm^2;马铃薯采用起垄穴播,垄上播种 2 行,行距 20 cm,亩保苗 4 000 株。种肥施用量为磷酸二铵 75 kg/hm^2,在毛叶苕子初花期进行翻压,第二年马铃薯带和毛叶苕子带轮替种植。在马铃薯播前和收获后测定 0~100 cm 土壤含水量(烘干法)、淀粉积累期测定植株干物质积累量和叶片 SPAD 含量,成熟期测定作物产量(每小区取 2 垄测产,马铃薯计算商品薯率)。

二、研究结果

(一)不同间作带宽对马铃薯干物质积累量的影响

由图 5-3 可知,不同年度不同处理下,马铃薯干物质累积量变化趋势

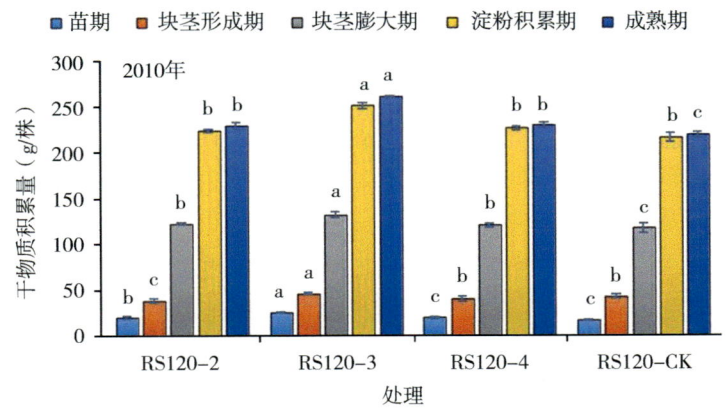

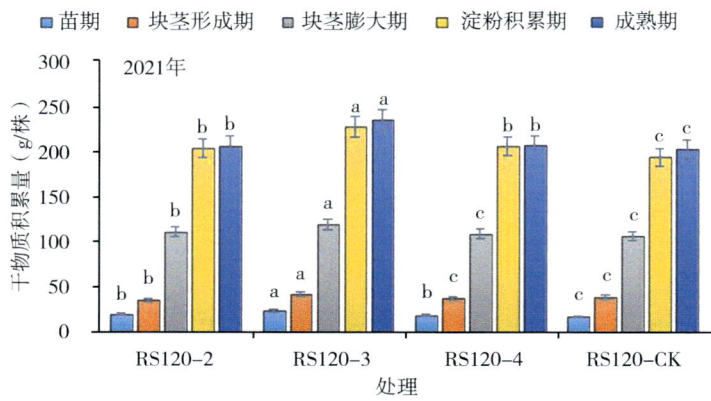

图 5-3 马铃薯生育期干物质累积变化量

注：图中不同字母表示 $P=0.05$ 水平下差异显著，下同。

一致，总体呈慢—快—慢变化趋势，在成熟期干物质积累量最大，平均为 224.76 g/株。在马铃薯成熟期，RS120-2 处理和 RS120-4 处理马铃薯干物质积累量无显著性差异，RS120-3 处理马铃薯干物质积累量表现最优，平均为 248.81 g/株，较对照（RS120-CK）显著提高 15.8%~18.9%（$P<0.05$）。在马铃薯淀粉积累期，RS120-3 处理马铃薯干物质积累量表现最优，平均为 240.25 g/株，较对照（RS120-CK）显著提高 16.1%~17.3%（$P<0.05$）。

（二）不同间作带宽对马铃薯 LAI 的影响

由图 5-4 可知，不同带宽间作下马铃薯 LAI 和干物质积累量表现一致，均为 RS120-3>RS120-4>RS120-2>RS120-CK。2021 年马铃薯 LAI 较 2020 年低，这可能与当年气候条件有关。结合 2 年数据来看，马铃薯块茎膨大期、淀粉积累期、成熟期 RS120-3 处理较对照（RS120-CK）平均高 11.94%~15.94%、13.53%~13.87%、13.74%~14.07%。因此，马铃薯间作毛叶苕子可有效促进植株 LAI 的提高，有利于光合性能的改善和物质的合成。

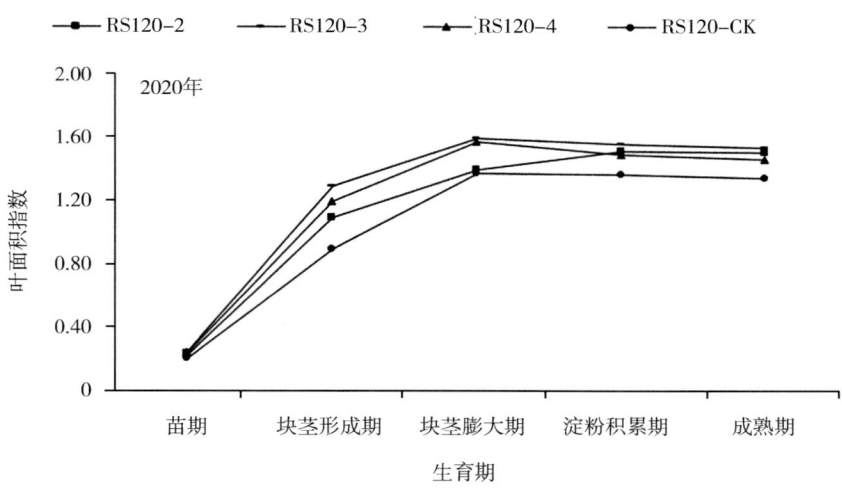

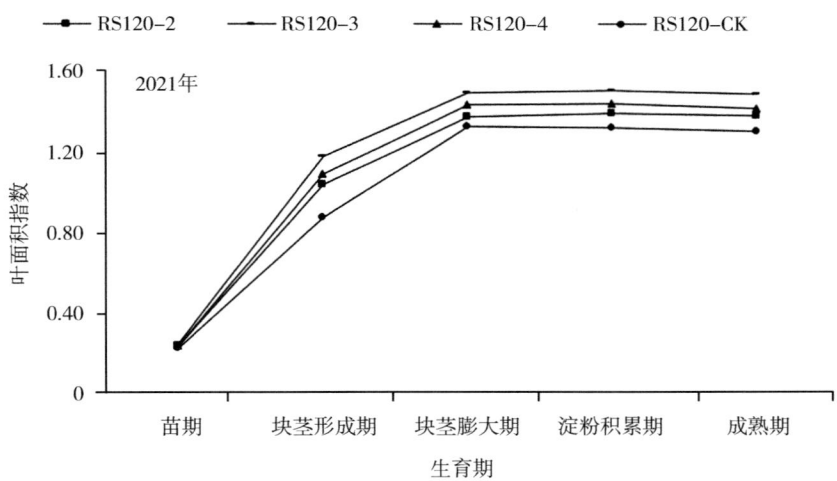

图 5-4　不同带宽间作对马铃薯 LAI 的影响

（三）不同间作带宽对马铃薯 SPAD 的影响

由图 5-5 可知，在不同带宽配置下，不同年度马铃薯 SPAD 值均表现为 SR120-3>SR120-2>SR120-CK。2020 年，SR120-3 处理 SPAD 值分布范围为 53.5~60.3，平均值为 56.8，与对照相比，马铃薯间作 3 行毛叶苕子可有效提高植株 SPAD 值，增幅为 22.68%。2021 年，SR120-3 处理 SPAD 值分布范围为 50.1~57.31，平均值为 54.3，与对照相比，SR120-3 处理 SPAD 值显著增高 23.97%。两年间，SR120-4 处理和 SR120-CK 处理 SPAD 值无显著性差异，说明适当增加毛叶苕子种植带可促进马铃薯叶片积累叶绿素。当种植带密度过大时，会打破毛叶苕子与马铃薯间作体系间平衡，导致植株结构分布不匀，影响马铃薯叶片叶绿素的积累。

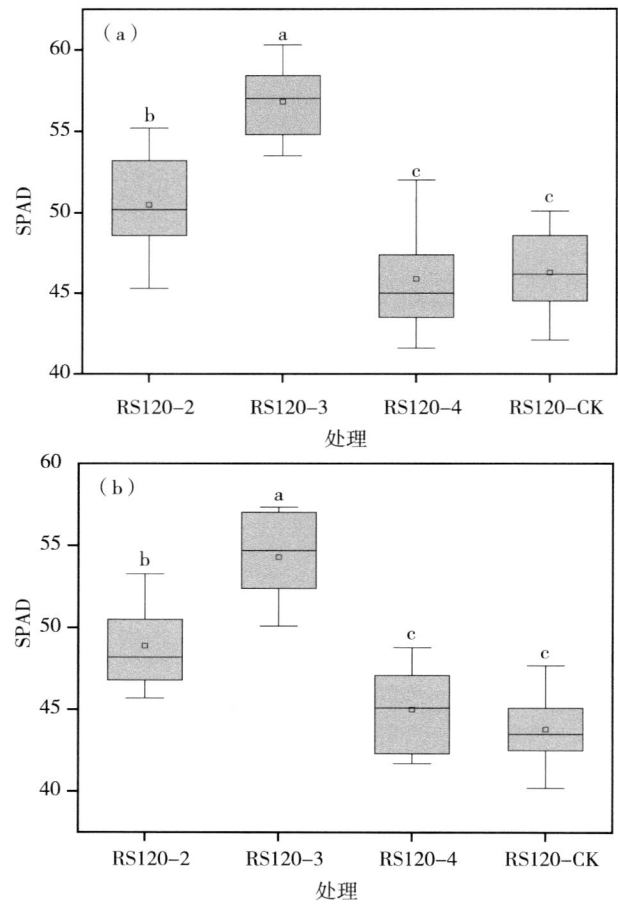

图 5-5　不同带宽间作对马铃薯 SPAD 值的影响

(四) 不同间作带宽对马铃薯产量的影响

由表5-11可知,不同间作带宽下马铃薯的产量及产量构成在不同年度存在显著差异。在2020年,马铃薯间作3行(SR120-3)、4行(SR120-4)毛叶苕子的产量分别为12 150.12 kg/hm² 和 12 224.64 kg/hm²。与对照相比,产量可分别显著提高20.9%和21.64%。马铃薯间作3行毛叶苕子(SR120-3)可有效增加商品薯数量,商品薯率可达30.6%,与对照(SR120-CK)相比,商品薯率可提升66.3%。

同2020年对比来看,2021年各处理马铃薯产量均不同程度降低,商品薯的数量急剧下降,商品薯率下降至1.2%~2%,这可能同当年气候条件影响有关。在马铃薯进入关键的块茎形成期时,因干旱少雨严重限制了马铃薯的生长发育,导致成熟期商品薯占比减少。2021年,马铃薯间作3行(SR120-3)毛叶苕子的产量为11 359.60 kg/hm²,较马铃薯单作(SR120-CK)显著提高26.22%。

表5-11 不同带宽间作下马铃薯产量及构成

年份	处理	商品薯数量(个/hm²)	商品薯产量(kg/hm²)	小薯数量(个/hm²)	小薯产量(kg/hm²)	总数量(个/hm²)	总产量(kg/hm²)	商品薯率(%)
2020	RS120-2	38 973b	7 794.71b	126 871a	3 740.00a	165 844ab	11 535.71b	23.5b
	RS120-3	53 138a	10 927.62a	120 515a	1 222.50c	173 653a	12 150.12a	30.6a
	RS120-4	45 078ab	9 015.64a	113 647b	3 209.20b	158 725a	12 224.64a	28.4a
	RS120-CK	26 603c	6 320.76b	117 982b	3 729.20a	144 585b	10 049.96c	18.4c
2021	RS120-2	—	—	113 685b	9 865b	113 685b	9 865.00b	0.00c
	RS120-3	3 073a	688.6a	150 605a	10 671a	153 678a	11 359.60a	2.00a
	RS120-4	1 737b	447.4b	143 088a	10 060a	144 825a	10 507.40b	1.20b
	RS120-CK	—	—	107 536b	9 000b	107 536b	9 000.00c	0.00c

注:表中a、b、c表示P=0.05水平下差异显著性,下同。

(五) 不同间作带宽对马铃薯水分利用效率的影响

结合2年数据来看(表5-12),马铃薯间作3行毛叶苕子(SR120-3)的水分利用效率表现最高,平均为61.13 kg/(hm²·mm),较对照(SR120-CK)显著提高54.18%~78.53%。从耗水量来看,采用马铃薯间作

3行毛叶苕子（SR120-3）可降低马铃薯在整个生育时期的耗水量，耗水量为165.23~227.12 mm；与马铃薯单作相比（SR120-CK），马铃薯耗水量可降27.52%~41.44%。

表5-12 不同带宽间作下马铃薯耗水量和水分利用效率

年份	处理	贮水变化量（mm）	降水量（mm）	耗水量（mm）	水分利用效率[kg/（hm²·mm）]
2020	RS120-2	68.51	184.24	252.75b	45.64b
	RS120-3	42.88	184.24	227.12c	53.50a
	RS120-4	59.66	184.24	243.90b	50.12a
	RS120-CK	105.38	184.24	289.62a	34.70c
2021	RS120-2	5.16	172.27	177.43b	55.60b
	RS120-3	-7.04	172.27	165.23b	68.75a
	RS120-4	22.31	172.27	194.58ab	54.00b
	RS120-CK	61.43	172.27	233.70a	38.51c

三、小结

马铃薯种植采用垄距120 cm，垄上行距20 cm，亩保苗4 000株和垄间间作3行毛叶苕子种植模式可显著提高植株干物质积累量和叶片叶绿素含量；与马铃薯单作相比，增幅为17.35%和23.33%。马铃薯间作毛叶苕子可有效促进植株LAI的提高，有利于光合性能的改善和物质的合成。与对照处理相比，马铃薯间作3行毛叶苕子的商品薯率、产量和水分利用效率分别提高了66.3%、20.9%~26.22%和54.18%~78.53%；耗水量和单位面积土壤耗水可降27.52%~41.44%和62.5~68.47 mm。但商品薯的形成受气候环境条件限制，在马铃薯块茎形成的关键时期如遇到暖干型的气候，会直接降低商品薯的数量与质量。

第四节 粮草轮作物种优化配置技术

一、研究内容

本试验主要种植作物为马铃薯和燕麦，选择前茬为毛叶苕子、箭筈豌豆、油菜和燕麦的临近样地。采用随机区组设计，小区面积 40 m² （5 m× 8 m），处理为马铃薯与毛叶苕子轮作（PHVr）、马铃薯与箭筈豌豆轮作（PCVr）、马铃薯与油菜轮作（PRr）、燕麦与毛叶苕子轮作（OHVr）、燕麦与箭筈豌豆轮作（OCVr）、燕麦与油菜轮作（Orr）、马铃薯与燕麦轮作（POr）。毛叶苕子和燕麦均采用条播，行距为 25 cm，毛叶苕子播种量为 45 kg/hm²，燕麦播种量为 120 kg/hm²。马铃薯采用起垄穴播，垄上播种 2 行，小行距 25 cm、大行距 75 cm、株距 30 cm。种肥施用量为磷酸二铵 75 kg/hm²，毛叶苕子不翻压。在马铃薯全生育期测定 0~20 cm 土壤含水量和土壤温度（自动监测仪）、播前和收获后测定 0~100 cm 土壤水分；收获期测定植株干物质积累量、淀粉积累期测定了植株叶面积指数和叶片叶绿素含量，成熟期测定作物产量（每小区取 2 垄测产，马铃薯计算商品薯率）。

二、研究结果

（一）不同粮草轮作物种优化配置对作物产量的影响

由图 5-6 可知，马铃薯与毛叶苕子轮作（PHVr）、马铃薯与箭筈豌豆轮作（PCVr）、马铃薯与油菜轮作（PRr）和马铃薯与燕麦轮作（POr）的马铃

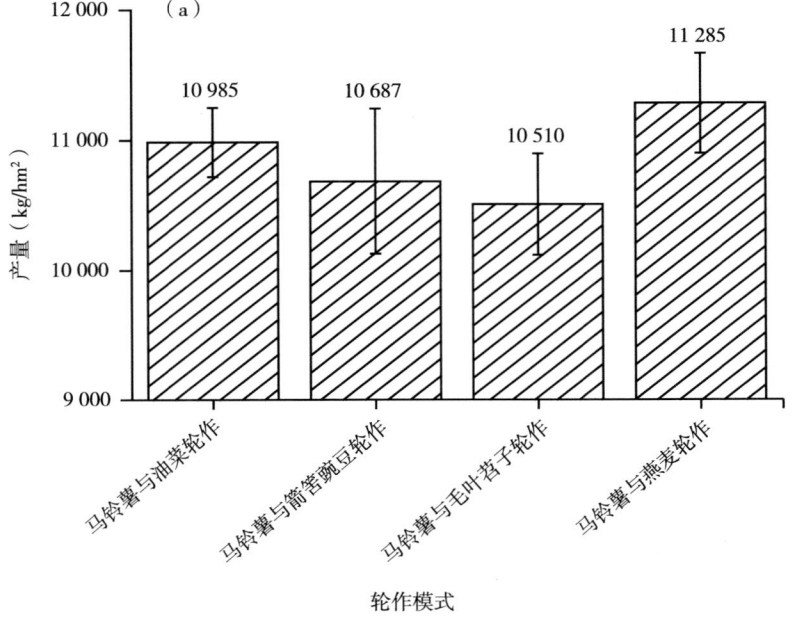

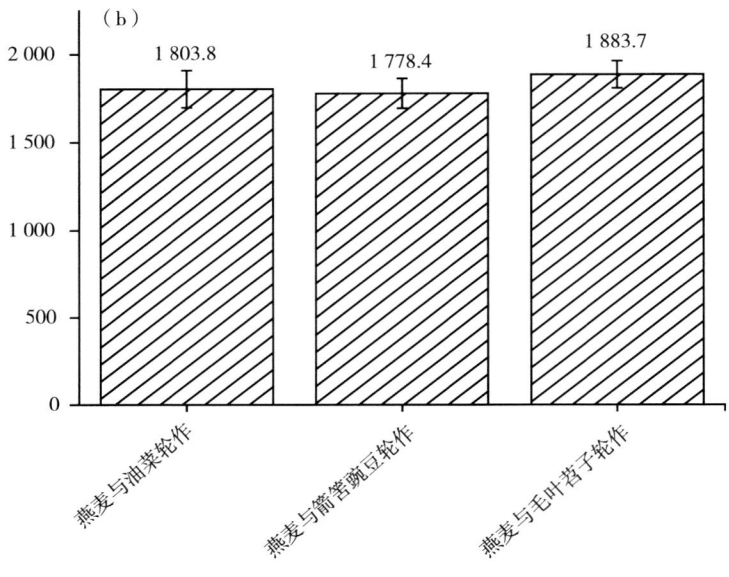

图 5-6 不同粮草轮作物种优化配置对作物产量的影响

注：图（a）表示轮作对马铃薯产量的影响；图（b）表示轮作对燕麦产量的影响。

薯产量分别为 10 510 kg/hm²、10 687 kg/hm²、10 985 kg/hm² 和 11 285 kg/hm²，各处理间差异不显著。燕麦与毛叶苕子轮作（OHVr）、燕麦与箭筈豌豆轮作（OCVr）和燕麦与油菜轮作（ORr）处理的产量分别为 1 883.7 kg/hm²、1 778.4 kg/hm² 和 1 803.8 kg/hm²，各处理间差异不显著。

（二）不同粮草轮作物种优化配置对作物干物质积累的影响

由图 5-7 可知，马铃薯与毛叶苕子轮作（PHVr）、马铃薯与箭筈豌豆轮作（PCVr）、马铃薯与油菜轮作（PRr）和马铃薯与燕麦轮作（POr）的干物质积累趋势一致，均随生育期的推进逐步增加。马铃薯与燕麦轮作处理的干物质积累量最高，为 187.5 g/株；马铃薯与箭筈豌豆轮作处理最低，为 180.5 g/株，不同处理间干物质积累差异不显著。

由图 5-8 可知，在燕麦轮作措施中，燕麦与毛叶苕子轮作（OHVr）、燕麦与箭筈豌豆轮作（OCVr）和燕麦与油菜轮作（ORr）的干物质积累趋势一致，均随生育期的推进呈先增高后降低的趋势。干物质积累从大到小分别为：燕麦与油菜轮作（ORr）、燕麦与箭筈豌豆轮作（OCVr）和燕麦与毛

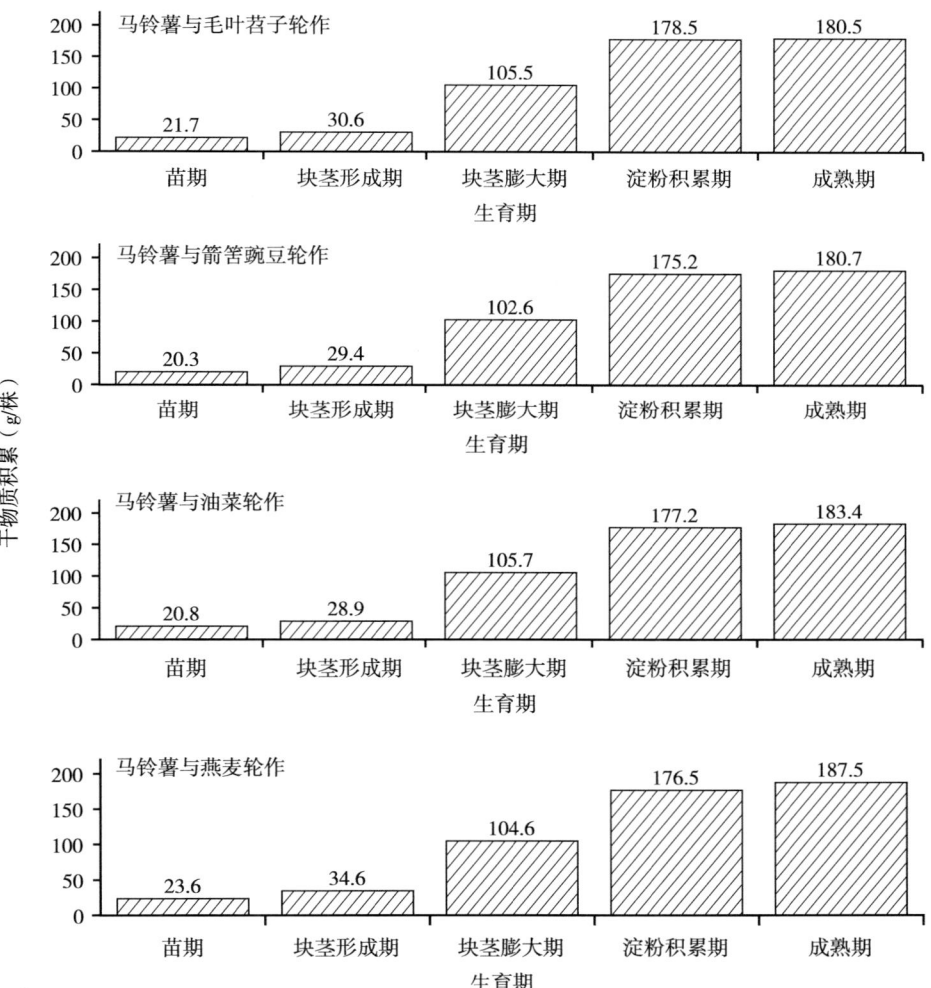

图 5-7 不同粮草轮作物种优化配置对马铃薯干物质积累的影响

叶苕子轮作（OHVr）。燕麦与油菜轮作（ORr）干物质积累为 79.6 g/株，较燕麦与毛叶苕子轮作（OHVr）处理提高了 5.3%。

（三）不同粮草轮作物种优化配置对作物叶绿素含量的影响

由图 5-9 可知，不同粮草轮作物种优化配置对作物叶绿素含量影响差

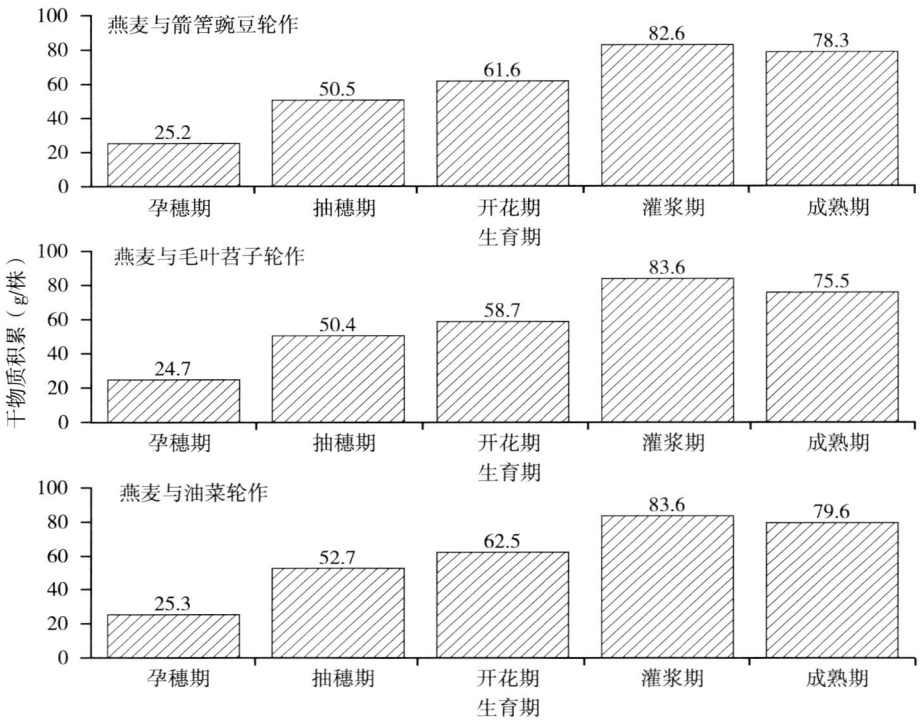

图 5-8　不同粮草轮作物种优化配置对燕麦干物质积累的影响

异较大，燕麦箭筈豌豆轮作下植株叶片 SPAD 值最高，其次为燕麦油菜轮作，分别为 62.3 和 60.2，显著高于马铃薯与其他作物的轮作处理（$P<0.05$）。燕麦与毛叶苕子轮作（OHVr）、燕麦与箭筈豌豆轮作（OCVr）和燕麦与油菜轮作（ORr）处理间差异不显著。马铃薯与毛叶苕子轮作（PHVr）、马铃薯与箭筈豌豆轮作（PCVr）、马铃薯与油菜轮作（PRr）和马铃薯与燕麦轮作（POr）处理中，马铃薯与燕麦轮作（POr）SPAD 值最高（53.7），处理间差异不显著。

（四）不同粮草轮作物种优化配置对土壤贮水量、作物耗水量和水分利用效率的影响

由表 5-13 可知，不同粮草轮作物种优化配置处理中，产量最高的是马铃薯与燕麦轮作，产量达 11 285.4 kg/hm²；其次为马铃薯与油菜轮作，产量为 10 985.4 kg/hm²。燕麦轮作处理中，产量最高的是燕麦与毛叶苕子轮

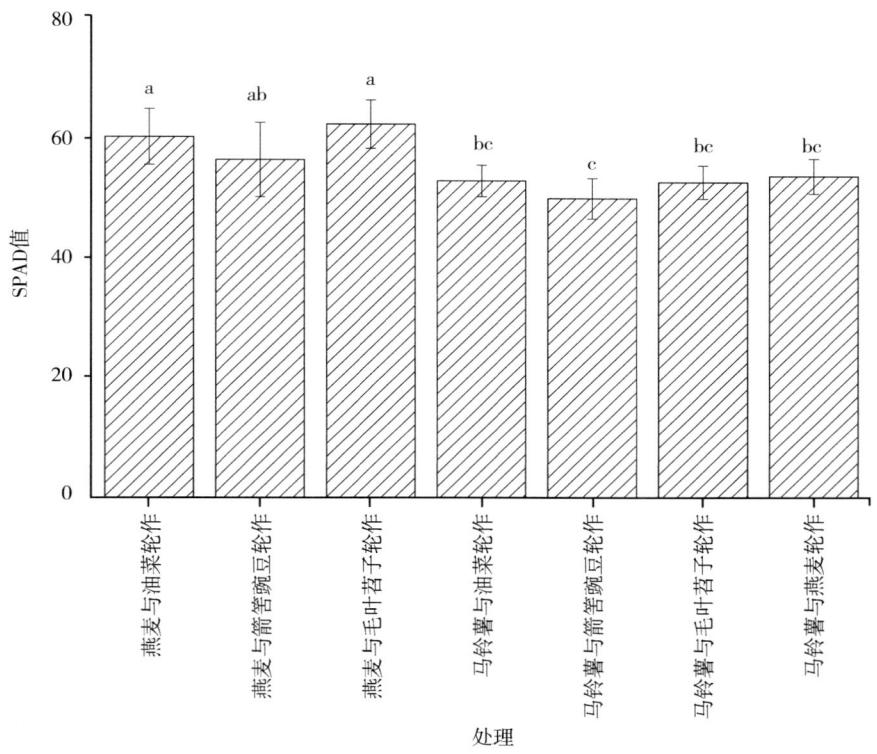

图 5-9 不同粮草轮作物种优化配置对作物叶绿素含量的影响

作,达1 883.7 kg/hm²,其次为燕麦与油菜轮作和燕麦与箭筈豌豆轮作处理。

贮水量最高的处理为马铃薯与燕麦轮作,达 100.32 mm,较马铃薯与箭筈豌豆轮作(60.74 mm)提高了 40.38 mm。燕麦轮作处理中最高的为燕麦与箭筈豌豆轮作,达 50.36 mm;其次为燕麦与油菜轮作,为 42.03 mm。马铃薯与燕麦轮作处理下作物耗水量最高,为 292.52 mm,较马铃薯与箭筈豌豆轮作(252.94 mm)高 15.6%。燕麦轮作处理中,燕麦与箭筈豌豆轮作处理最高,为 242.56 mm,较燕麦与毛叶苕子轮作处理(228.15 mm)高 14.41 mm,但处理间差异不显著。马铃薯与油菜轮作处理的作物水分利用效率最高,为 42.64 kg/(hm²·mm),较马铃薯与燕麦轮作[38.58 kg/(hm²·mm)]提高了 10.5%。燕麦轮作处理中,燕麦与毛叶苕子轮作水分利用效率最高,为 8.26 kg/(hm²·mm)。

表 5-13 物种配置对土壤贮水量、作物耗水量和水分利用效率的影响

处理	产量（kg/hm²）	降水量（mm）	贮水量（mm）	耗水量（mm）	水分利用效率[kg/(hm²·mm)]
燕麦与油菜轮作	1 803.75c		42.03e	234.23d	7.70d
燕麦与箭筈豌豆轮作	1 778.4c		50.36d	242.56cd	7.33d
燕麦与毛叶苕子轮作	1 883.7c		35.95f	228.15d	8.26d
马铃薯与油菜轮作	10 985.4ab	192.2	65.43b	257.63bc	42.64a
马铃薯与箭筈豌豆轮作	10 686.75ab		60.74c	252.94bbc	42.25ab
马铃薯与毛叶苕子轮作	10 510.35b		68.86b	261.06b	40.26bc
马铃薯与燕麦轮作	11 285.4a		100.32a	292.52a	38.58c

（五）马铃薯与毛叶苕子轮作对土壤水稳性团聚体粒径组成影响

团聚体水稳性是团聚体抵抗灌水浸泡和降雨击打的能力，是土壤团聚体的主要质量指标。水稳性团聚体的数量和分布状况决定着土壤结构的稳定性以及抗侵蚀的能力，特别是≥0.25 mm 水稳性团聚体的数量可以判别土壤结构的好坏，是判定土壤质量好坏的重要指标之一。

2020—2021 年不同处理水稳性团聚体组成均以>2 mm 的团聚体为优势团聚体，毛叶苕子连作（Vm）、马铃薯连作（Pm）、粮草轮作（VPr）和间作（VPi）处理>2 mm 的团聚体占比分别为 24.12%~28.64%、22.55%~25.32%、31.54%~33.41%和 33.42%~34.12%，VPi 处理表现最优。从≥0.25mm 水稳性团聚体的数量看，VPr 和 VPi 处理团聚体数量占比最大。不同年度 VPr 处理水稳性团聚体较 Vm 和 Pm 处理提高 5.48%~11.44%和 14.52%~17.15%。综上所述，粮草间作、轮作措施可以促进有效土壤团粒结构的形成，对土壤蓄水保墒具有重要作用（表 5-14）。

表 5-14 不同种植模式下土壤水稳性团聚体粒径分布

年份	种植模式	土壤团聚体组成（%）				
		>2 mm	1~2 mm	0.5~1 mm	0.25~0.5 mm	>0.25 mm
2020 年	毛叶苕子连作（Vm）	24.12	11.73	9.48	11.52	56.84
	马铃薯连作（Pm）	22.55	10.92	8.80	13.04	55.31
	粮草轮作（VPr）	33.41	10.47	7.92	11.54	63.34
	间作（VPi）	34.12	10.27	7.12	9.82	61.33

（续表）

年份	种植模式	土壤团聚体组成（%）				
		>2 mm	1~2 mm	0.5~1 mm	0.25~0.5 mm	>0.25 mm
2021年	毛叶苕子连作（Vm）	28.64	10.28	9.67	12.54	61.13
	马铃薯连作（Pm）	25.32	10.21	8.67	10.84	55.04
	粮草轮作（VPr）	31.54	11.06	9.00	12.88	64.48
	间作（VPi）	33.42	10.46	8.15	13.00	65.03

（六）马铃薯与毛叶苕子轮作下土壤有机质变化情况

由图5-10可知，2020—2021年不同处理间土壤有机质含量均表现为VPr处理最高，0~15 cm土层有机质含量高于15~30 cm。粮草轮作（VPr）、间作（VPi）可提高土壤有机质含量，作物连作可导致土壤有机质含量下降。在0~15 cm土层，两年间粮草轮作（VPr）处理有机质含量较毛叶苕子连作（Vm）和马铃薯连作（Pm）处理显著提高10%~14.77%和11%~15.95%；15~30 cm土层下粮草轮作（VPr）处理有机质含量较毛叶苕子连作（Vm）和马铃薯连作（Pm）处理显著提高5.08%~13.2%和7.81%~18.27%。

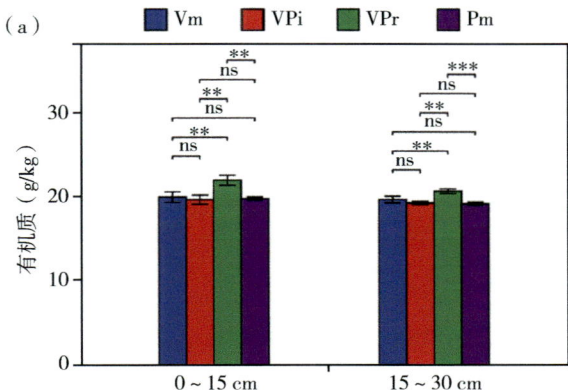

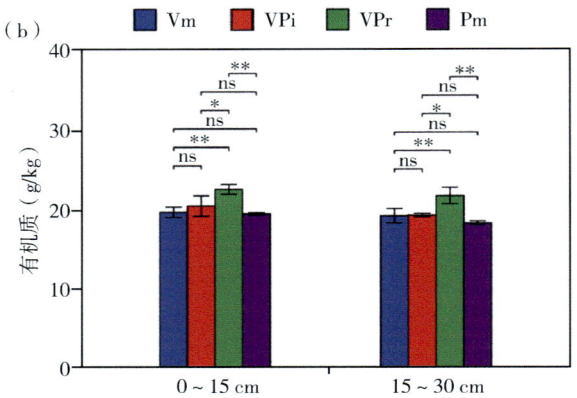

图 5-10　不同种植模式下土壤有机质变化规律

注：图中（a）、（b）分别表示 2020 年和 2021 年；ns（$P \geq 0.05$），*（$P<0.05$），**（$P<0.01$），下同。

（七）马铃薯与毛叶苕子轮作下土壤全氮变化情况

土壤全氮含量处于动态变化之中，它的消长取决于氮的积累和消耗的相对多寡，特别是取决于土壤有机质的生物积累和水解作用。由图 5-11 可知，粮草轮作（VPr）处理土壤全氮含量最高，0~15 cm 土层两年平均含量为 1.21 g/kg；15~30 cm 土层含量为 1.27 g/kg。不同年度间，在 0~15 cm 土层下粮草轮作（VPr）处理土壤全氮含量较毛叶苕子连作（Vm）和马铃薯连作（Pm）处理显著提高 13.89%~21.64% 和 17.14%~18%；15~30 cm

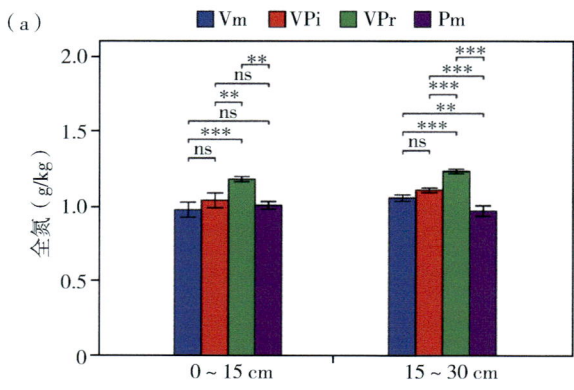

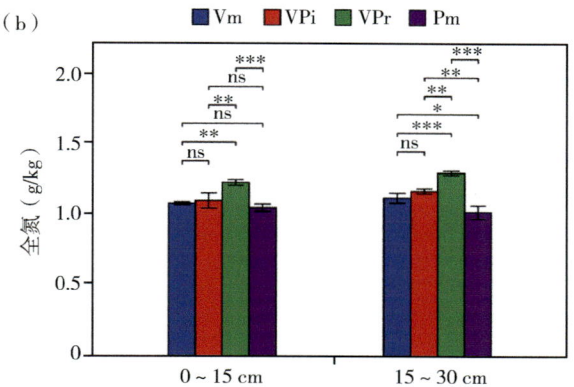

图 5-11 不同种植模式下土壤全氮变化规律

土层下粮草轮作（VPr）处理土壤全氮含量较毛叶苕子连作（Vm）和马铃薯连作（Pm）处理显著提高 16.07%~17.14%和 26.8%~27.45%。2021 年和 2020 年相比，不同处理土壤全氮含量均有所提高，0~15 cm 土层粮草轮作（VPr）、间作（VPi）土壤全氮含量提高 4.23%和 5.77%；15~30 cm 土层粮草轮作（VPr）、间作（VPi）土壤全氮含量提高 5.69%和 5.41%。

（八）马铃薯与毛叶苕子轮作下土壤全磷变化情况

由图 5-12 可知，粮草轮作（VPr）处理土壤全磷含量最高，0~15 cm 和 15~30 cm 土层 2 年平均含量分别为 0.5 g/kg 和 0.54 g/kg。不同年度间，在 0~15 cm 和 15~30 cm 土层下两年间粮草轮作（VPr）处理土壤全磷含量

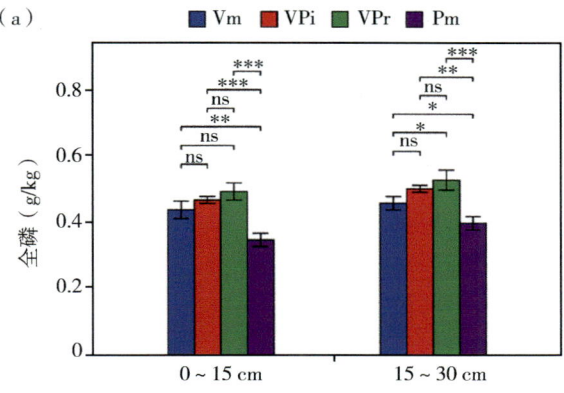

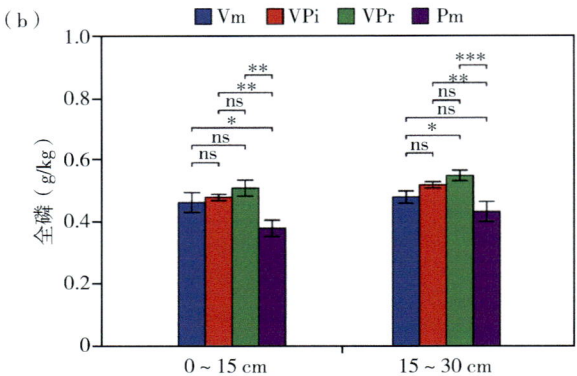

图 5-12　不同种植模式下土壤全磷变化规律

较马铃薯连作（Pm）处理显著提高了 34.2%～40% 和 27.9%～32.5%。2021 年和 2020 年相比，不同处理土壤全磷含量均有所提高，0～15 cm 土层粮草轮作（VPr）和间作（VPi）土壤全磷含量提高 4.08% 和 2.13%；15～30 cm 土层粮草轮作（VPr）和间作（VPi）土壤全磷含量提高 3.78% 和 4.00%。

（九）马铃薯与毛叶苕子轮作下土壤全钾变化情况

由图 5-13 可知，粮草轮作（VPr）处理土壤全钾含量最高，两年 0～15 cm 土层平均含量为 22.15 g/kg，较马铃薯连作（Pm）处理显著提高

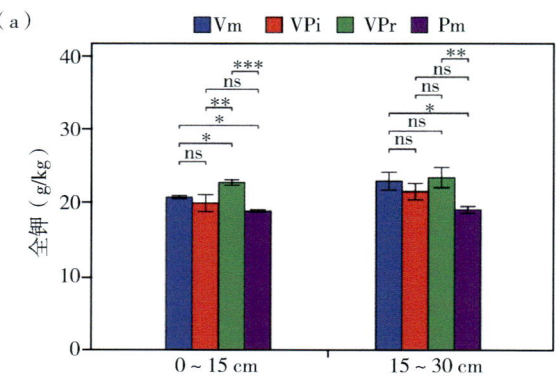

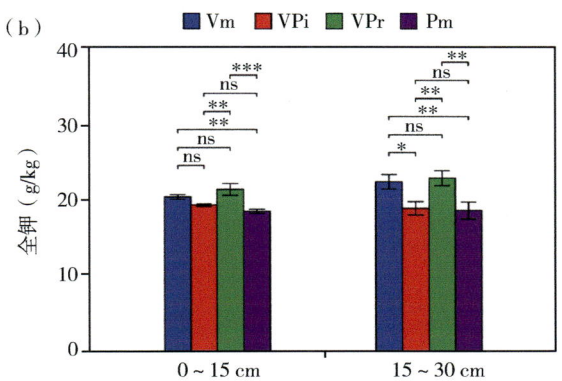

图 5-13 不同种植模式下土壤全钾变化规律

15.59%~20.63%；15~30 cm 土层含量为 23.25 g/kg，较马铃薯连作（Pm）处理显著提高 22.99%~23.04%。2021 年和 2020 年相比，不同处理土壤全钾含量均有所下降，0~15 cm 土层粮草轮作（VPr）和间作（VPi）土壤全钾含量降低 6.05% 和 3.09%；15~30 cm 土层粮草轮作（VPr）和间作（VPi）土壤全钾含量降低 9.30% 和 13.68%。

（十）马铃薯与毛叶苕子轮作对土壤耗水量的影响

由表 5-15 可知，由于作物和自然因素的影响不同粮草轮作物种优化配置对土壤耗水量的影响不同。2021 年土壤贮水量最高的是马铃薯与箭筈豌豆轮作处理达 8.2 mm，与毛叶苕子轮作时土壤贮水量为 0 mm，各种植模式中马铃薯与燕麦轮作处理的贮水量最低为 -29.7 mm。2021 年农田耗水量与贮水量规律相反：马铃薯与燕麦轮作（POr）＞马铃薯与油菜轮作（PRr）＞马铃薯与毛叶苕子轮作（PHVr）＞马铃薯与箭筈豌豆轮作（PCVr）。通过对两年耗水量进行加和可知，耗水量最高的马铃薯与燕麦轮作（POr）模式较最低的马铃薯与箭筈豌豆轮作（PCVr）多消耗 79.5 mm，达 20.06%。总耗水量上看，马铃薯与毛叶苕子轮作可降低总耗水量 18.5~61.1 mm。

表 5-15 不同粮草轮作物种优化配置对土壤耗水量的影响

处理	2020 年			2021 年			总耗水量（mm）
	降水量（mm）	贮水量（mm）	耗水量（mm）	降水量（mm）	贮水量（mm）	耗水量（mm）	
马铃薯与油菜轮作	192.2	65.43b	257.6	153.6	-22.0	175.6	433.2
马铃薯与箭筈豌豆轮作		60.74c	252.9		8.2	143.4	396.3
马铃薯与毛叶苕子轮作		68.86b	261.1		0.0	153.6	414.7
马铃薯与燕麦轮作		100.32a	292.5		-29.7	183.3	475.8

（十一）马铃薯与毛叶苕子轮作对经济效益的影响

2020 年马铃薯收购价格为 1.0 元/kg，2021 年油菜籽（油用）、箭筈豌豆、毛叶苕子、燕麦的收购价格分别为 6.0 元/kg、6.0 元/kg、14.0 元/kg、3.6 元/kg，经过计算得出 2020 年单独种植马铃薯经济效益和 2021 年轮作后经济效益。由表 5-16 可知，不同粮草轮作物种优化配置中经济效益较高的是马铃薯与毛叶苕子轮作（PHVr）达 23 207.4 元/hm^2，最低的是马铃薯与箭筈豌豆轮作（PCVr）为 15 713.4 元/hm^2，提高经济效益 48%。马铃薯与毛叶苕子轮作可提高经济效益 29%~33%。

表 5-16 不同粮草轮作物种优化配置对经济效益的影响

处理	2020 年			2021 年			总经济效益（元/hm^2）
	产量（kg/hm^2）	单价（元/kg）	经济效益（元/hm^2）	产量（kg/hm^2）	单价（元/kg）	经济效益（元/hm^2）	
马铃薯与油菜轮作	10 985.4a	1.0	10 985.4	1 174.22	6.0	7 045.3	18 030.7
马铃薯与箭筈豌豆轮作	10 686.75a		10 686.75	837.78	6.0	5 026.7	15 713.4
马铃薯与毛叶苕子轮作	10 510.35a		10 510.35	906.93	14.0	12 697.0	23 207.4
马铃薯与燕麦轮作	11 285.4a		11 285.4	1 713.41	3.6	6 168.3	17 453.7

三、小结

粮草轮作物种优化配置技术主要为第一年种植马铃薯采用起垄穴播，垄上播种2行，小行距25 cm、大行距75 cm、株距30 cm；第二年与毛叶苕子轮作，行距为25 cm，毛叶苕子播种量为45 kg/hm²。马铃薯与毛叶苕子、箭筈豌豆进行轮作可提升大团聚体（≥0.25 mm）含量。0~40 cm 土层含水率低于40~100 cm 土层，土壤含水率在40~60 cm 土层中较高。马铃薯与油菜、燕麦进行轮作耗水量较高，与毛叶苕子、箭筈豌豆轮作能有效减少水分消耗18.5~79.5 mm。从长期经济效益看，马铃薯与毛叶苕子轮作经济效益最高达23 207.4元/hm²。综合生态和经济效益，最佳轮作模式为马铃薯与毛叶苕子轮作。该模式与马铃薯-油菜轮作、马铃薯-燕麦轮作相比，可提高土壤大团聚体含量3.7%~29.4%，优化土壤结构；减少水分消耗18.5~61.1 mm；提高经济效益29%~33%。

马铃薯与毛叶苕子轮作、间作均可有效提高水稳性团聚体（≥0.25 mm）数量，主要通过增加大粒级数量来提高土壤对水分、养分的固持作用。与传统种植措施（马铃薯2年连作）相比，0~15 cm 土层土壤有机质、全氮、全磷、全钾含量可显著平均提高11%~15.95%、17.14%~18%、34.2%~40%和15.59%~20.63%；15~30 cm 土层土壤有机质、全氮、全磷、全钾含量可显著平均提高7.81%~18.27%、26.8%~27.45%、27.9%~32.5%和22.99%~23.04%；水分利用效率提高17.35%。

第五节 马铃薯水资源平衡利用及缓释肥料施用技术

一、研究方法

试验在内蒙古农牧业科学院武川旱作试验站进行，土壤类型为砂质栗钙土，3个马铃薯试验处理为，C_0：N∶P∶K=25∶12∶9、C_1：（CRN+N）∶P∶K=25∶12∶9、C_2：（CRN+N）∶P∶K=20∶12∶9，3次重复，小区面积40 m²，供试品种为克新一号。种植及灌溉方式为垄作滴管，缓释肥料（CRN）与普通尿素比例为4∶6，磷钾1次基施，氮40%基施、其余分苗期、块茎形成期、淀粉积累期按20%、30%和10%随灌水3次追施。主要测定耕层土壤物理、化学性状和作物产量及生长发育状况（表5-17）。

表 5-17　马铃薯缓释肥料施用试验设计

编号	处理	施肥量（kg/亩）			
		N	P_2O_5	K_2O	有机肥
C_0	N：P：K	25	12	9	0
C_1	（CRN+N）：P：K	25	12	9	0
C_2	（CRN+N）：P：K	20	12	9	0

二、研究结果

（一）不同缓释肥料施用下植株形态指标差异

由图 5-14 可知，不同处理全生育期马铃薯植株干物质量逐渐增加，其顺序为 $C_1>C_0>C_2$。作物品种是植株株高主要决定因素，处理间养分投入差异较小，株高差异表现不明显，其顺序为 $C_1>C_0>C_2$。不同处理间单株叶面积在块茎形成期至成熟期差异明显，叶面积变化呈倒"V"形，其峰值出现

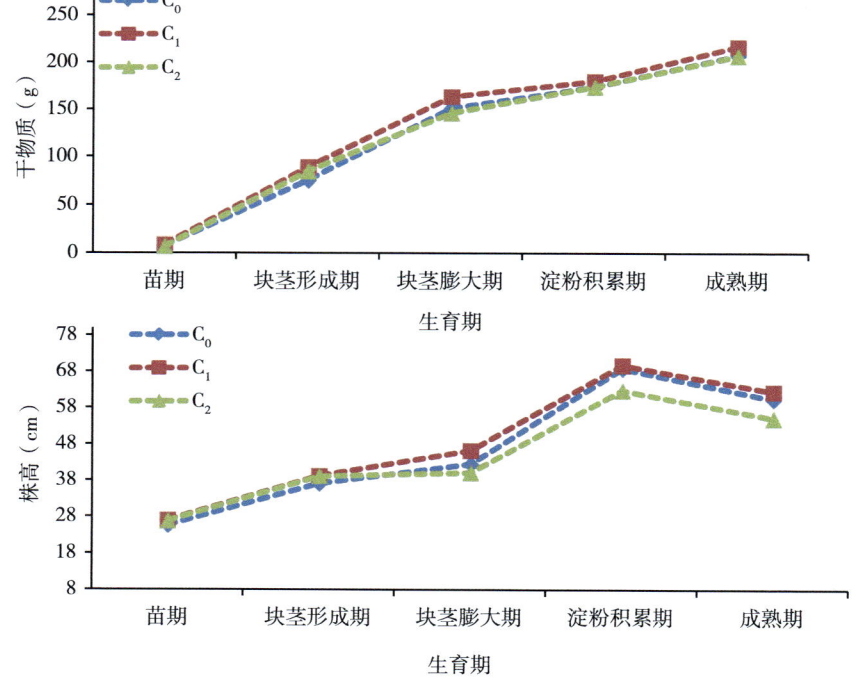

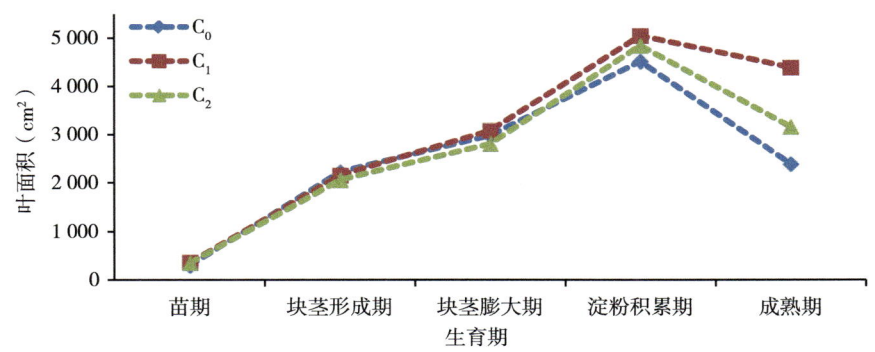

图 5-14　不同缓释肥处理下马铃薯植株干物质量动态变化

在淀粉积累期，不同处理间单株叶面积顺序为 $C_1>C_2>C_0$。可见，施用缓释尿素有利于提高植株叶面积和干物质量，促进作物生长。

（二）不同缓释肥料施用下土壤水分差异

由图 5-15 可知，在整个生育时期内 C_0、C_1、C_2 处理土壤含水率变化趋势基本一致，随着生育时期的推进，苗期至块茎形成期各处理土壤含水量

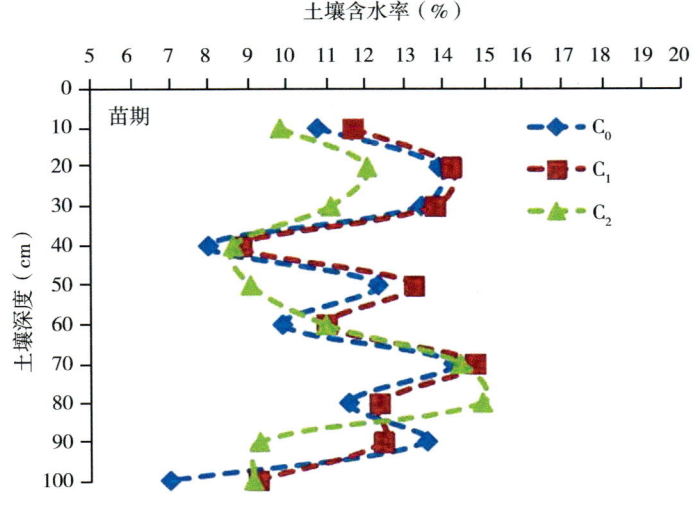

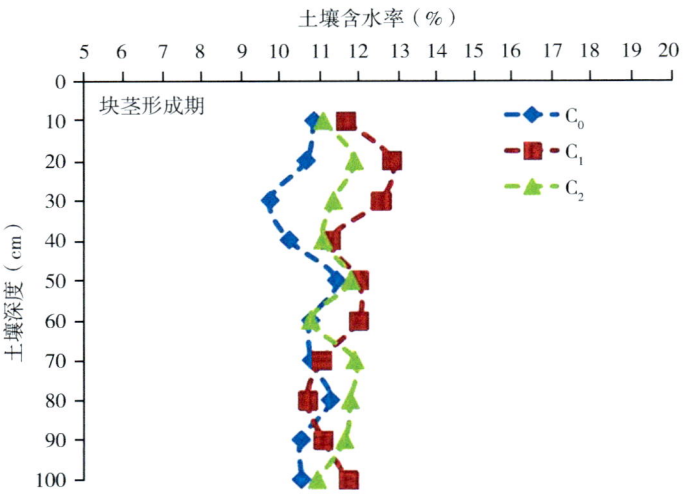

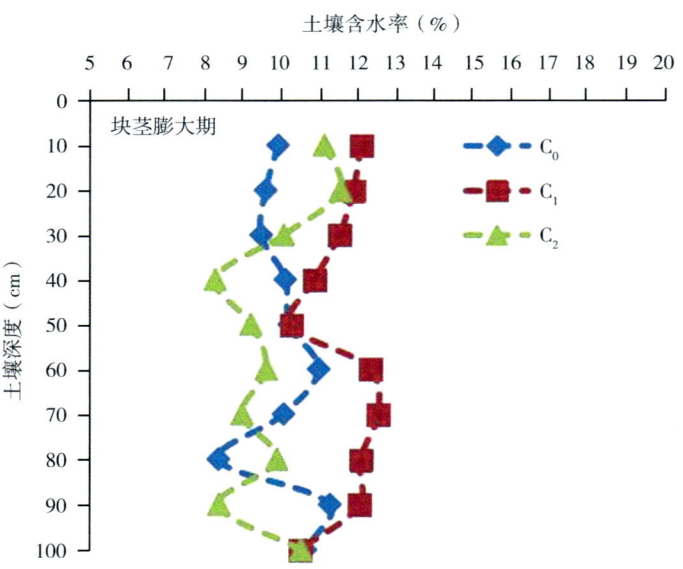

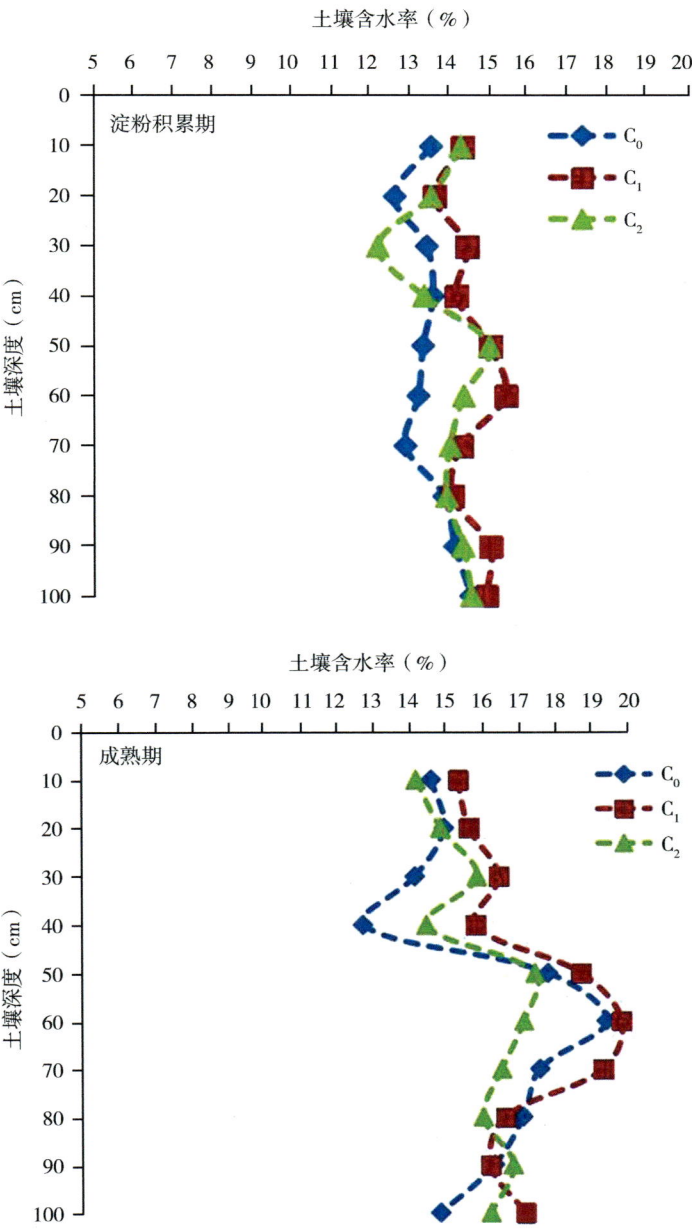

图 5-15 不同缓释肥处理下土壤含水率动态变化

呈"W"形变化趋势。在 20 cm 和 70 cm 处出现两个峰值,在 40 cm、60 cm 和 80 cm 处出现低谷;块茎膨大期至淀粉积累期土壤含水量变化规律为 30 cm 处出现低谷,在 50 cm 处出现峰值;0~100 cm 土层成熟期土壤含水量 呈降低趋势。从苗期至成熟期各土层土壤含水量变化趋势看,土壤含水量峰 值表现为向深层土壤移动趋势,尤其在成熟期尤为明显,主要由于随着植株 生长,根系下扎深度加深,对以上土层水分消耗加大。将各生育时期各处理 的平均含水量平均后如表 5-18 所示,可见 C_1 处理平均土壤含水率明显高 于其他两个处理,表明 C_1 处理对土壤水分蓄积上起到一定的作用。

表 5-18 各生育时期土壤含水率 (%)

处理	C_0	C_1	C_2
苗期	11.46	13.25	10.95
块茎形成期	11.40	11.70	11.47
块茎膨大期	10.08	11.58	9.68
淀粉积累期	13.30	14.41	13.95
成熟期	14.85	15.90	14.66

(三) 不同缓释肥料施用下植株产量差异

由表 5-19 可知,处理 C_0 与 C_2 产量无显著性差异,C_1 与 C_0、C_2 产量 间呈极显著差异,产量顺序为 $C_1 > C_0 > C_2$,分别为 27 117.72 kg/hm²、 26 013.00 kg/hm² 和 25 746.20 kg/hm²。C_1 较 C_0 和 C_2 分别高出 4.24% 和 5.32%。由此可知,施肥 C_1:(CRN+N):P:K=25:12:9 处理的产量性 状表现较好,表明在施肥量一致的情况下,施用缓释肥料能够获得更高的产 量。另外 C_0、C_2 间产量差异不显著表明缓释肥料与普通尿素配合施用能够 保持较高的产量水平,减量施用肥料对产量降低影响不明显。

表 5-19 不同缓释肥料处理下植株产量比较

编号	大薯重 (kg/m²)	小薯重 (kg/m²)	大薯数 (个/m²)	小薯数 (个/m²)	产量 (kg/hm²)
C0	1.78	0.82	6	7	26 013.00Aa
C1	1.82	0.89	7	8	27 117.72Bb
C2	1.79	0.78	6	8	25 746.20Aa

注:同列不同小写字母表示在 0.05 水平差异显著,大写字母表示在 0.01 水平差异显著。

三、小结

C_1：(CRN+N)：P：K=25：12：9 处理的生育期植株干物质积累量、单株叶面积明显高于其他处理，土层土壤含水量表现较高。该施肥水平产量为 27 117.72 kg/hm^2，产量性状表现较好，较 C_0 和 C_2 分别高出 4.24% 和 5.32%。因此，在养分量相同的情况下，施用缓释肥料能够获得更高的产量，缓释肥料与普通尿素配合施用能够保持较高的产量水平，氮肥减量施用 20% 不会显著降低产量。

第六章 种植模式集成及示范

第一节 阴山北麓农牧交错区马铃薯限量补灌抗旱丰产高质栽培技术模式

在阴山北麓农牧交错区,集成了马铃薯优质品种、垄作节水补灌技术、缓控施肥技术和高效机械收获等技术,形成了阴山北麓农牧交错区马铃薯限量补灌抗旱丰产高质栽培技术模式,具体内容为:①选用克新一号、陇薯8号等优质马铃薯品种;②整地时施用腐熟有机肥2 000~3 000 kg/亩;③应用垄作节水补灌技术,使用一体化播种机播种,一次性完成开沟起垄、垄上浅埋铺设滴管带,垄下施肥、垄侧播种等作业,选用地膜宽750 mm,膜厚0.01 mm,垄高15~20 cm,垄上行距80~90 cm,垄间行距20~30 cm,株距38~44 cm,保苗3 000~3 500株/亩;④节水补灌高效栽培技术,播种前进行一次造墒,灌溉量为12 m^3/亩,于马铃薯苗期、块茎形成期、淀粉积累期分别进行灌水,全生育期灌水5次,每次灌水量为12.5 m^3/亩;⑤缓释肥配施化肥减肥增效技术,施肥量:N、P_2O_5、K_2O分别为20 kg/亩、12 kg/亩、9 kg/亩,缓释肥料(CRN)与普通尿素比例为4:6,磷钾1次基施,氮40%基施、其余分苗期、块茎形成期、淀粉积累期按20%、30%和10%随灌水3次追施。⑥机械中耕除草技术,出苗达50%时进行第一次中耕和培土,现蕾期第二次中耕和培土;⑦病害防治技术,防治晚疫病主要从现蕾期开始,若发现晚疫病中心病株,或出现阴雨天,交替使用保护剂和治疗剂;⑧适时收获技术,在马铃薯茎叶枯黄脱落时进行收获,时间约为9月上旬,采用马铃薯收获机进行;⑨利用残膜回收机具进行残膜回收,降低地膜污染。

一、呼和浩特市示范区示范效果

2020年示范区马铃薯(采用起垄滴灌技术)产量为4 625.0 kg/亩,较对照田（常规种植）4 402.3 kg/亩增产5%，按1.2元/kg销售价格计算亩增收益264.24元。2021年示范区马铃薯产量为4 136.2 kg/亩，较对照田3 906.2 kg/亩增产5.89%，按1.2元/kg销售价格计算亩增收益276元。不同年度示范区马铃薯全生育期灌溉5次，需水75 m^3，较传统种植灌溉6次平均节水16.7%，节水费用平均为4.5元/亩，采用起垄滴灌技术可平均节约化肥10.4 kg/亩，减施农药1次，节约成本55.5元/亩。2020年和2021年亩节本增效分别为319.74元和331.5元，平均节本增效325.62元/亩。

二、乌兰察布市示范区示范效果

2020年，示范区马铃薯（采用起垄滴灌技术）产量为3 456.2 kg/亩，较对照田（常规种植）3 265.4 kg/亩增产5.84%，按1.07元/kg销售价格计算亩增收益204.16元。2021年示范区马铃薯产量为3 498.5 kg/亩，较对照田3 225.5 kg/亩增产8.46%，按1.07元/kg销售价格计算亩增收益292.11元。不同年度示范区马铃薯全生育期灌溉5次，需水量60 m^3，较传统种植灌溉6次平均节水16.7%，节水费用平均为3.6元/亩，采用起垄滴灌技术可平均节约化肥12 kg/亩，减施农药1次，节约成本平均约53.6元/亩。2020年和2021年亩节本增效分别为257.76元和345.71元，平均节本增效301.73元/亩。

第二节 阴山北麓农牧交错区燕麦保护性耕作抗旱丰产栽培技术模式

在阴山北麓农牧交错区，集成了燕麦优质品种、节水补灌技术、增施有机肥和生物炭技术及高效机械收获等技术，形成阴山北麓农牧交错区燕麦保护性耕作抗旱丰产栽培技术模式，具体内容为：①选用适宜旱作的燕麦品种如燕科1号等，种子可以采用包衣剂包衣；②增施有机肥和生物炭技术，在播种前结合耕翻施入有机肥1 000 kg/亩，生物炭300 kg/亩；③采用滴灌精量条播，一次性完成开沟、播种、施肥，行距为20~25 cm，燕麦播种量为8~10 kg/亩；④一次性完成滴灌带铺设、施肥和播种，施用磷酸二铵10 kg/亩。⑤整个生育期采用节水补灌技术，分别在苗期、拔节期、灌浆期进行灌溉，每次灌水量均为10 m^3。⑥在拔节期喷施除草剂1次，注意病虫草害防治。⑦在籽粒蜡熟之后时收获，采用禾稻收割机收获，留茬15~20 cm。

一、呼和浩特市示范区示范效果

2020年，示范区在保护性耕作抗旱丰产栽培技术模式下燕麦平均产量为192.5 kg/亩，较对照田传统耕翻后种植亩增产29.7 kg，增产18.2%；按3.2元/kg销售价格计算，亩平均增收95.04元。2021年，示范区燕麦平均产量为184.70 kg/亩，较对照田传统耕翻后种植亩增产24.3 kg，增产15.2%；按3.2元/kg销售价格计算，亩平均增收77.76元。不同年度示范区燕麦全生育期灌溉3次，需水36 m^3，较传统种植灌溉4次平均节水25.0%，节水费用平均为3.6元/亩，采用保护性耕作技术可平均节约化肥8.0 kg/亩，减施农药1次，采用免耕种植较传统种植整地亩节约成本30.0元，节约成本平均约73.6元/亩。2020年和2021年亩节本增效分别为168.64元和151.36元，平均节本增效160元/亩。

二、乌兰察布市示范区示范效果

2020年，示范区在保护性耕作抗旱丰产栽培技术模式下燕麦平均产量为80.6 kg/亩，较对照田传统耕翻后种植亩增产11.9 kg，增产17.3%；按3.2元/kg销售价格计算，亩平均增收38.08元。2021年，示范区燕麦平均产量为86.3 kg/亩，较对照田传统耕翻后种植亩增产13.8 kg，增产19.0%；按3.2元/kg销售价格计算，亩平均增收44.2元。不同年度示范区燕麦全生育期灌溉3次，需水45 m^3，较传统种植灌溉4次平均节水25%，节水费用平均为4.5元/亩，采用保护性耕作技术可平均节约化肥10 kg/亩，减施农药1次，采用免耕种植较传统种植整地亩节约成本30元，节约成本平均约80.5元/亩。2020年和2021年亩节本增效分别为118.58元和124.66元，平均节本增效121.62元/亩。

第三节 阴山北麓农牧交错区抗旱减灾与生态种植模式

在阴山北麓农牧交错区集成了马铃薯抗旱品种、节水补灌技术、增施有机肥和生物炭技术及高效机械收获等技术，形成了马铃薯垄膜集雨抗旱减灾和马铃薯与绿肥作物合理轮作生态种植技术模式。

一、马铃薯垄膜集雨抗旱减灾技术模式

①选用克新 1 号、陇薯 8 号等优质马铃薯品种;②整地时施用腐熟有机肥 2 000~3 000 kg/亩,随耕翻施入;③采用马铃薯专用播种机大垄双行种植,一次性完成开沟、施肥、播种、起垄、覆膜,选用地膜宽 70~80 cm,膜厚 0.01 mm,垄幅 110~120 cm,垄底宽 60~70 cm,垄间行距 45~50 cm,行距 35~40 cm,垄高 5~10 cm,株距 30~35 cm,保苗 4 000 株/亩;④随播种时施用马铃薯专用复合肥 40 kg/亩;⑤出苗达 50% 时进行第一次中耕和培土,现蕾期第二次中耕和培土;⑥防治晚疫病主要从现蕾期开始,若发现晚疫病中心病株,或出现阴雨天,交替使用保护剂和治疗剂;⑦在马铃薯茎叶枯黄脱落时进行收获,时间约为 9 月上旬,采用马铃薯收获机进行;⑧利用残膜回收机具进行残膜回收,降低地膜污染。

二、马铃薯与绿肥作物合理轮作生态种植技术模式

第一年种植毛叶苕子:①毛叶苕子采用蒙苕一号良种,采用条播大小行播种方式,小行距 30 cm,大行距 60 cm,播深为 3~5 cm,随播种机一次性施入磷酸二铵 10 kg/亩;②播种前土壤墒情较差可补灌 10 m³/亩,有灌水条件可在初花期补水 10~15 m³/亩;③在苗期注意打破板结层,保证出苗,株高达 5 cm 时中耕除草 1 次,整个生育期注意病虫草害防控;④在 60% 豆荚变黄时进行收获。

第二年种植马铃薯:①选用克新 1 号、陇薯 8 号等优质马铃薯品种;②整地时施用腐熟有机肥 2 000~3 000 kg/亩;③使用一体化播种机播种,一次性完成开沟起垄、垄上浅埋铺设滴管带、垄下施肥、垄侧播种等作业,选用地膜宽 750 mm,膜厚 0.01 mm,垄高 15~20 cm,垄上行距 80~90 cm,垄间行距 20~30 cm,株距 38~44 cm,保苗 3 000~3 500 株/亩;④节水补灌高效栽培技术,播种前进行一次造墒,灌溉量为 12 m³/亩,于马铃薯苗期、块茎形成期、淀粉积累期分别进行灌水,全生育期灌水 5 次,每次灌水量为 12.5 m³/亩;⑤施肥量:N、P_2O_5、K_2O 分别为 20 kg/亩、12 kg/亩、9 kg/亩,缓释肥料(CRN)与普通尿素比例为 4∶6,磷钾 1 次基施,氮 40% 基施、其余分苗期、块茎形成期、淀粉积累期按 20%、30% 和 10% 随灌水三次追施;⑥出苗达 50% 时进行第一次中耕和培土,现蕾期第二次中耕和培土;⑦防治晚疫病主要从现蕾期开始,若发现晚疫病中心病株,或出现阴雨天,

交替使用保护剂和治疗剂;⑧在马铃薯茎叶枯黄脱落时进行收获,时间约为9月上旬,采用马铃薯收获机进行;⑨利用残膜回收机具进行残膜回收,降低地膜污染。

示范效果

2020年,示范田和对照田均种植马铃薯,收获后产量及经济效益差异不显著。示范区马铃薯(采用粮草轮作技术)产量为4 354 kg/亩,对照田(常规种植)马铃薯产量4 334 kg/亩,亩增收21.4元(忽略不计)。

2021年示范区采用马铃薯与绿肥作物合理轮作生态种植技术,种植毛叶苕子并在籽粒收获后将根茬还田,对照田采用农民常规种植习惯种植燕麦。毛叶苕子籽粒产量为58.5 kg,按7元/kg销售价格计算,亩收益为409.50元,燕麦籽粒产量为110.5 kg,按3.2元/kg销售价格计算,亩收益为353.6元,种植绿肥(毛叶苕子)亩增收益为55.9元。在肥料用量方面,毛叶苕子需施用磷酸二铵10 kg/亩,按4.40元/kg销售价格计算,肥料费用为44元/亩,燕麦需施用复合肥(N∶P_2O_5∶K_2O = 14∶15∶16)15 kg,按6.80元/kg销售价格计算,肥料费用为102.0元/亩,种植绿肥(毛叶苕子)可节肥58.00元/亩。种植绿肥(毛叶苕子)在整个生育期内较传统种植减施农药1次,节约成本约5.0元/亩。综上所述,2020年和2021年累计亩节本增效118.9元。在农田地力提升方面,通过长期定位试验研究表明,与对照田相比,马铃薯与毛叶苕子轮作技术平均可提高土壤含水率、水分利用效率、有机质含量和土壤全氮含量分别为10.5%、19.4%、0.02%和2.5%。